Eberhard Nebelthau

Calorimetrische Untersuchungen am hungernden Kaninchen

im fieberfreien und fieberhaften Zustande

Eberhard Nebelthau

Calorimetrische Untersuchungen am hungernden Kaninchen
im fieberfreien und fieberhaften Zustande

ISBN/EAN: 9783744682572

Hergestellt in Europa, USA, Kanada, Australien, Japan

Cover: Foto ©berggeist007 / pixelio.de

Weitere Bücher finden Sie auf **www.hansebooks.com**

Calorimetrische Untersuchungen

am hungernden Kaninchen im fieberfreien und fieberhaften Zustande.

Habilitationsschrift

zur

Erlangung der Venia docendi

einer

Hohen medicinischen Facultät zu Marburg

vorgelegt von

Dr. **Eberhard Nebelthau,**

Assistenzarzt an der medicinischen Klinik.

—————————◆—— ———

München.

Druck von R. Oldenbourg.

1894.

Rubner[1]) hat den Beweis geliefert, dass das Gesetz von der Erhaltung der Kraft auch am lebenden Thiere Geltung hat. In 45 Versuchen, die je 21 bis 22 Stunden umfassen, zeigte er, dass die direct gemessene Wärmeabgabe genau der aus den Stoffwechsel- producten berechneten Wärmemenge entspricht. Die Berechnung der Wärmeabgabe aus den Stoffwechselproducten oder die indirecte Ca- lorimetrie, wie sie auch genannt wird, kann also der directen Calori- metrie als vollkommen gleichwerthig an die Seite gestellt werden, so lange es sich um Tagesversuche handelt.

Die indirecte Calorimetrie lässt uns alsbald im Stich, wenn es sich darum handelt, in kleinen aufeinanderfolgenden Tagesabschnitten die Wärmeabgabe zu bestimmen. Die Schwierigkeiten werden um so grösser, je kleiner man die Zeitabschnitte wählt, so dass es fast unmöglich erscheint, auf diesem Wege den Verlauf der stündlichen Wärmeabgabe genau zu verfolgen.

Durch die Vervollkommnung, welche die directe Calorimetrie durch Rubner[2]) erfahren hat, sind wir jedoch in den Stand gesetzt worden, die Wärmeabgabe eines Thieres von Stunde zu Stunde, durch Tage und Nächte auf das Genaueste zu verfolgen und zu messen. Wenn auch die Methode solcher ausgedehnten Messungen besonders durch den Mangel graphischer Apparate noch eine sehr

---

1) Rubner, Die Quelle der thierischen Wärme: a) Berl. klin. Wochen- schrift 1891, No. 25 S. 605; b) Zeitschr. f. Biol. Bd. 30 N. F. 12 S. 73.

2) Rubner, Calorimetrische Methodik. Festschr. zu der 50jähr. Doctor- jubelfeier des Hrn. Carl Ludwig. Marburg 1890, S. 33.

mühsame ist und sehr umfangreiche Berechnungen erfordert, so schien es mir doch sehr wünschenswerth, Versuche über den Verlauf der stündlichen Wärmeabgabe innerhalb 24 Stunden anzustellen, da solche bisher noch nicht vorliegen.

Es war zu erwarten, dass durch solche Versuche Aufklärung zu erlangen sei, in wie weit wir berechtigt sind, die Wärmeabgabe in den verschiedenen Tagesstunden einander zum Vergleich gegenüber zu stellen und aus Versuchen kürzerer Dauer verallgemeinernde Schlüsse zu ziehen. Auch zur Beleuchtung noch mancher anderer schwebender Fragen können, wie der Verlauf der Versuche zeigte, die Resultate meiner Untersuchungen verwerthet werden. Vor allen Dingen erhoffte ich aber, durch ein genaues Verfolgen der stündlichen Wärmeabgabe während des Fieberanstiegs und der Fieberhöhe unsere Anschauungen über das Wesen des Fiebers zu fördern.

Die experimentellen Untersuchungen am Thiere halte ich in dieser letzten Frage noch so lange für angezeigt, als wir dieselben am Menschen noch nicht mit derselben Vollkommenheit ausführen können und als wir hoffen dürfen, durch unsere Versuche neue Gesichtspunkte für die Beurtheilung der vorliegenden Frage zu erhalten.

Methodik der Versuche.

Die Versuche sind mit dem Calorimeter ausgeführt, wie es im Jahre 1888 in der Zeitschrift für Biologie von Rubner[1]) beschrieben worden ist, und zwar wurde die Form gewählt, welche von Rumpel[2]) zu seinen Versuchen über den Werth der Bekleidung benutzt wurde. Das Princip des Apparats beruht darauf, die Volumenszunahme, welche die in dem Mantelraum des Calorimeters eingeschlossene Luft durch die vom Versuchsthier abgegebene Wärme erfährt, zu messen. Zur Messung dient ein Spirometer, dessen Ausschläge durch Einführung genau bestimmbarer Wärmemengen in das Calorimeter zuvor geeicht sind.

Die mit dem Calorimeter zu messende Wärme entspricht dem grössten Theil der vom Thierkörper durch Leitung und Strahlung

1) Rubner, Ein Calorimeter für physiologische und hygienische Zwecke. Zeitschr. f. Biol. Bd. 25 N. F. 7 S. 400.

2) Rumpel, Ueber den Werth der Bekleidung und ihre Rolle bei der Wärmeregulation. Archiv f. Hygiene Bd. 9 S. 51.

abgegebenen Wärme. Ein kleiner Theil der durch Leitung und
Strahlung abgegebenen Wärme erwärmt die zur Ventilation des
Calorimeters dienende Luft und wird mit dieser fortgeführt. Derselbe
wird berechnet aus der Menge der Ventilationsluft, die durch eine
genau arbeitende Gasuhr gemessen wird, und aus der Temperaturerhöhung, welche die Ventilationsluft auf dem Wege durch das
Calorimeter infolge der Erwärmung durch den Thierkörper erfährt.

Die Bestimmung des Wasserdampfes darf nach Rubner[1]) nicht
unterlassen werden, „weil die mit dem Wasserdampf abgegebene
Wärme in keinem Verhältniss zur Gesammtwärmeproduction oder
zu der an das Calorimeter und die Ventilationsluft abgegebenen
Wärme steht". Durch Bestimmung des Feuchtigkeitsgrades der in
das Calorimeter einströmenden und ausströmenden Luft mittelst
feiner Haarhygrometer konnte nach dem Vorgange von Rubner[2])
die stündliche Wasser-Abgabe berechnet und so die durch Wasserverdunstung gebundene Wärme[3]) auf das Genaueste in Betracht
gezogen werden.

Um den Einfluss der Schwankungen des Luftdrucks und der
Temperatur der umgebenden Luft auszuschalten, wurde neben dem
zur Aufnahme des Thieres bestimmten Calorimeter, durch einen
grossen Pappdeckel von ihm getrennt, ein sogenanntes Corrections-
Calorimeter aufgestellt. Das mit dem Corrections-Calorimeter in
Verbindung stehende Spirometer zeigt also an

I. den Einfluss des Temperaturwechsels der umgebenden Luft,

II. die Luftdruckschwankungen.

Das Spirometer, welches mit dem zur Aufnahme des Thieres
bestimmten Calorimeter verbunden ist, wird bewegt

I. durch den Einfluss des Temperaturwechsels der umgebenden Luft,

II. durch die Luftdruckschwankungen,

III. durch die Wärmeabgabe des Thieres.

Durch Berücksichtigung der Ausschläge beider Spirometer erhalten
wir genau diejenige Grösse, welche der vom Thiere abgegebenen

---

1) Rubner, a. a. O. (S. 3, 1 b) S. 114.

2) Rubner, a. a. O. (S. 3, 2) S. 59.

3) 1 g Wasser wurde mit rund 0,6 Calorien in Anrechnung gebracht; vgl.
Rubner, Zeitschr. f. Biol. Bd. 30 N. F. 12 S. 114.

Wärme entspricht. Die Aufstellung der Apparate ist aus beigefügter Skizze leicht zu übersehen.

C_1 entspricht dem Calorimeter, welches das Thier aufzunehmen bestimmt war.

Eine directe Berührung zwischen Thierkörper und Innenwand des Calorimeters wurde durch Einführung eines vorne und hinten verschliessbaren Cylinders aus Drahtgeflecht vermieden, der seinerseits

durch Holzstäbe isolirt wurde. Calorimeter C^1 ist durch eine Glasplatte Gl verschliessbar. Der erforderliche Abschluss zwischen Glas und Metall wurde durch Pech und Gummiringe erzielt. Der Lufteintritt fand bei dem seitlichen Ansatzrohr L statt, und zwar wurde mittelst eines Schlauches die Luft an einer Stelle des Zimmers entnommen, wo die Temperatur genau durch Thermometer $2\,T_2$ bestimmt wurde. Von derselben Stelle wurde dauernd dem Hygrometer $2\,H_2$ Luft zugeführt, um fortgesetzt ihren Feuchtigkeitsgehalt beobachten zu können.

Das Corrections-Calorimeter C_2 blieb geöffnet und wurde keiner besonderen Ventilation bedürftig erachtet.

Die gesammte, durch das Calorimeter 1 geführte Ventilationsluft wurde, nachdem ihre Temperatur durch das eingeschaltete Thermometer $1\,T_1$ bestimmt war, durch das Hygrometer $1\,H_1$ geleitet und in der Gasuhr Ga gemessen. Die Ventilation wurde durch eine Münckelsche Wasserstrahlluftpumpe, die bei M angebracht war, besorgt. Das Hygrometer 2 bedurfte nur einer geringen Ventilation; dieselbe wurde durch eine Klemmschraube regulirt, welche an dem von dem Hygrometer abführenden Schlauch angebracht war.

Das Calorimeter 1 und das den Feuchtigkeitsgehalt der ausströmenden Luft bestimmende Hygrometer 1 wurde in den Versuchen I bis IV mit 905—1215 l Luft pro Stunde ventilirt, in den Versuchen V bis VII mit 490—620 l. Eine Condensation von Wasserdampf oder auch nur Einstellung des Apparats auf 100% wurde nie beobachtet.

Die den Calorimetern entsprechenden Spirometer sind mit S 1 und S 2 bezeichnet.

Die zwei erwähnten Thermometer und die den Hygrometern beigefügten Thermometer waren in $^1/_5$ Grade getheilt und ebenso wie die Hygrometer auf das Genaueste untereinander verglichen und mit den nöthigen Correctionswerthen versehen. Die Aichung der von mir benutzten Calorimeter geschah durch Vergleichung mit den sorgfältig geaichten Apparaten des hygienischen Instituts und zwar durch Vergleichung des Luftinhalts der Mantelräume.

Während die Spirometer, die Hygrometer und sämmtliche vier Thermometer in Pausen von 10 Minuten abgelesen wurden und zwar mit Hülfe einer Lupe, so dass $^1/_{10}^o$ genau notirt werden konnte, erfolgte die Ablesung der Gasuhr stündlich.

Der Barometerstand, welcher zur Berechnung der durch die Ventilationsluft fortgeführten Wärme bekannt sein muss, wurde jede 12. Stunde notirt. Diese zahlreichen Ablesungen wurden bei der langen Dauer der Versuche nur dadurch ermöglicht, dass mich cand. med. Wegeli bei meinen Versuchen in anerkennenswerthester Weise unterstützte.

Als Versuchsthier wurde das Kaninchen gewählt, und zwar wurden sämmtliche Versuche während des Hungerns ausgeführt. Einerseits war ich durch die Grösse meiner Apparate auf das Kaninchen verwiesen, andrerseits veranlassten mich zu dieser Wahl die ausführlichen Stoffwechselversuche, welche bereits am Kaninchen angestellt wurden und die im Hunger grosse Gleichmässigkeit aufweisen. Neuerdings hat sich die Wahl noch insofern als vortheilhaft

Tabelle Iu. Versuch No. I.

10. VIII. bis 11. VIII. — 11. VIII. bis 12. VIII.

Stunde	Gewicht des Kaninchens	Temperatur des Kaninchens	Temperatur des Zimmers	Wärmeabgabe durch Strahlung und Leitung an die Ventilationsluft	an das Calorimeter	Gesammtwärme-abgabe durch Strahlung und Leitung	Wärmeabgabe durch Wasser-verdunstung	Gesammt-abgabe in Calorien	Bemerkungen	Gewicht des Kaninchens	Temperatur des Kaninchens	Temperatur des Zimmers	Wärmeabgabe durch Strahlung und Leitung an die Ventilationsluft	an das Calorimeter	Gesammtwärme-abgabe durch Strahlung und Leitung	Wärmeabgabe durch Wasser-verdunstung	Gesammt-Wärmeabgabe in Calorien	Bemerkungen
5—6	2182	39,0	14,8	1,2115	4,3128	5,5244	2,5023	8,026	Begin nach 24 stündiger Carenz	2116	39,1	18,1	1,1774	4,5675	5,7449	0,5468	6,292	
6—7			15,0	1,3765	4,3277	5,7042	2,0720	7,776				17,7	1,2784	4,6524	5,8258	0,9654	6,791	
7—8			15,9	1,2362	4,1944	5,4306	1,3386	6,769										
8—9			16,1	1,3449	4,5072	5,8521	1,1475	7,000										
9—10			16,4	1,2437	4,7496	5,9933	1,6238	7,617										
10—11			16,8	1,4008	4,2683	5,6691	0,9337	6,603										
11—12			17,4	0,9818	4,1062	5,0870	0,7561	5,843										
12—1			17,6	1,2697	3,8878	5,1575	0,6092	6,767										
1—2			17,9	1,2507	4,0331	5,2838	0,9103	6,194										
2—3			18,1	1,2129	3,9748	5,1877	0,9563	6,144										
3—4			18,5	1,2551	4,0331	5,2882	0,9251	6,213										
4—5			18,8	1,3088	4,1797	5,4885	0,9567	6,445										
5—6			18,6	1,2986	4,5373	5,8359	0,9234	6,659										
6—7			18,3	1,2153	4,0931	5,2494	1,0239	6,273										
7—8			18,4	1,2486	4,3129	5,5615	1,0584	6,650										
8—9			18,7	1,1651	4,2980	5,4031	0,7165	6,120										
9—10			18,7	1,2187	4,3873	5,6060	0,5306	6,137										
10—11			18,3	1,1787	4,3277	5,5064	0,6229	6,129										
11—12			18,1	1,2169	4,4023	5,6192	0,5181	6,137										
12—1			18,2	1,1818	4,4322	5,6140	0,6236	6,238										
1—2			18,2	1,1814	4,6222	5,7086	0,6286	6,327										
2—3			18,2	1,0863	4,3426	5,4289	0,4583	5,887										
3—4			18,3	1,0728	4,3575	5,4303	0,6210	6,051										
4—5			18,3	1,1862	4,4023	5,2885	0,7551	6,044										
Summa						132,9118	23,1372	156,049										
Mittel pro Std.	2151		17,65			5,5880	0,9640	6,5020										
Mittel pro Kilo u. Stde.						2,5747	0,4481	3,0228										

Tabelle Ib. Versuch No. I.

10. VIII. bis 11. VIII.

Stunde	Mittleres Gewicht des Kaninchens	Temperatur des Kaninchens	Temperatur des Zimmers	Feuchtigkeitsgehalt der Luft in %	Wärmeabgabe pro Kilo Körpergewicht durch Strahlung und Leitung	durch Wasserverdunstung	in Summa
5—6	—	39,0	14,8	73	2,5317	1,1473	3,679
6—7			15,0	75	2,6189	0,3613	3,570
7—8			15,9	76	2,4958	0,6152	3,111
8—9			16,1	76	2,6929	0,5281	3,221
9—10			16,4	77	2,7701	0,7479	3,508
10—11			16,8	76	2,6153	0,4307	3,046
11—12			17,4	76	2,3479	0,3491	2,697
12—1			17,6	75	2,8464	0,2816	3,128
1—2			17,9	73	2,4447	0,4213	2,866
2—3			18,1	72	2,4039	0,4431	2,847
3—4			18,5	71	2,4529	0,4529	2,882
4—5			18,8	70	2,5486	0,4444	2,993
Mittelzahlen	2167	—	16,9	74	2,5572	0,5638	3,123

(Fortsetzung)

Stunde	Mittleres Gewicht des Kaninchens	Temperatur des Kaninchens	Temperatur des Zimmers	Feuchtigkeitsgehalt der Luft in %	Wärmeabgabe pro Kilo Körpergewicht durch Strahlung und Leitung	durch Wasserverdunstung	in Summa
5—6			18,6	69	2,7132	0,3828	3,096
6—7			18,3	70	2,4433	0,4767	2,920
7—8			18,4	72	2,5918	0,5072	3,099
8—9			18,7	71	2,5217	0,3343	2,856
9—10			18,7	69	2,6182	0,2478	2,866
10—11			18,3	65	2,5747	0,2913	2,866
11—12			18,1	65	2,6304	0,2426	2,873
12—1			18,2	67	2,6316	0,2924	2,924
1—2			18,2	67	2,6764	0,2926	2,969
2—3			18,2	67	2,5506	0,2154	2,766
3—4			18,3	67	2,5539	0,2921	2,846
4—5			18,3	67	2,4913	0,3557	2,847
Mittelzahlen	2137	—	18,6	68	2,5834	0,3276	2,911

11. VIII. bis 12. VIII.

Stunde	Mittleres Gewicht des Kaninchens	Temperatur des Kaninchens	Temperatur des Zimmers	Feuchtigkeitsgehalt der Luft in %	Wärmeabgabe pro Kilo Körpergewicht durch Strahlung und Leitung	durch Wasserverdunstung	in Summa
5—6	—	39,1	18,1	67	2,7082	0,2578	2,966
6—7			17,7	67	2,7502	0,4558	3,206
Mittelzahlen	2117	—	17,9	67	2,7292	0,3564	3,086

Tabelle II a.

21. VIII. bis 22. VIII.   22. VIII. bis 23. VIII.

Stunde	Gewicht des Kaninchens	Temperatur des Kaninchens	Temperatur des Zimmers	Wärmeabgabe durch Strahlung u. Leitung an die Ventil.-Luft	an das Calori-meter	Gesammt-wärmeabgabe durch Strahlung und Leitung	Wärmeabgabe durch Wasser-verdunstung	Gesammt-wärmeabgabe in Calorien	Bemerkungen	Gewicht des Kaninchens	Temperatur des Kaninchens	Temperatur des Zimmers	Wärmeabgabe durch Strahlung u. Leitung an die Ventil. Luft	an das Calori-meter	Gesammt-wärmeabgabe durch Strahlung und Leitung	Wärmeabgabe durch Wasser-verdunstung	Gesammt-wärmeabgabe in Calorien	Bemerkungen
5^{37}–6^{37}	1832	39,0	15,2	1,0945	3,2656	4,3601	1,5237	5,8838	Be-									
6^{37}–7^{37}			15,4	0,8312	4,0039	4,8351	1,0430	5,8781	ginn	1736	39,0	17,8	0,9843	4,9338	5,9181	0,9079	6,8260	
7^{37}–8^{37}			15,6	0,9242	4,1944	5,1186	1,3024	6,4210	nach			17,8	1,0123	4,9184	5,9307	0,7859	6,7166	7 h I
8^{37}–9^{37}			15,7	1,0823	4,6280	5,7103	1,5929	7,3032	34 st.			17,2	0,774	3,1514	3,9254	1,4452	5,3706	jectio
9^{37}–10^{37}			16,0	1,0869	4,5826	5,6695	1,4196	7,0891	Ca-			17,3	0,880	3,5562	4,4366	1,3904	5,8270	von
10^{37}–11^{37}			16,3	1,0424	4,7191	5,7615	1,2415	7,0030	renz			17,4	0,992	4,3426	5,3346	1,1288	6,4634	2 cc
11^{37}–12^{37}			16,8	1,0498	4,8261	5,8760	1,1938	7,0098				17,5	1,0183	4,9184	5,9364	1,1356	7,0720	Roth
12^{37}–1^{37}			17,1	1,0540	4,7955	5,8495	1,2161	7,0656				17,7	1,0431	4,9492	5,9925	1,0596	7,0521	lauf.
1^{37}–2^{37}			17,4	1,0272	4,7649	5,7921	1,2142	7,0363				17,9	1,0274	4,9338	5,9612	0,8071	6,7683	Bouil
2^{37}–3^{37}			17,7	0,9695	4,7802	5,7497	0,9631	6,7128			38,9	18,1	0,9843	4,8108	5,7952	0,8018	6,5970	Cultu
3^{37}–4^{37}			17,9	0,9179	4,6128	5,5307	1,0084	6,5391				18,2	1,0267	4,2861	5,3124	1,0074	6,3198	in di
4^{37}–5^{37}	1781	38,9	18,0	0,9430	4,6431	5,5861	0,9592	6,5453				18,5	0,9727	4,5222	5,4949	0,8350	6,3299	vena
5^{37}–6^{37}			17,9	0,9485	4,4471	5,3956	1,2259	6,6215			39,3	18,5	0,9726	4,5373	5,5100	0,8398	6,3498	jugu
6^{37}–7^{37}			17,8	1,0117	4,6431	5,6548	0,9962	6,6510				18,4	1,1062	3,3575	4,4641	0,8758	5,3399	laris
7^{37}–8^{37}			17,7	0,9855	4,8261	5,8116	0,9605	6,7721		1680	39,0	18,2	0,9227	4,7496	5,6718	0,9459	6,6177	
8^{37}–9^{37}			17,9	0,9693	4,9184	5,8877	0,8962	6,7839				18,3	0,8894	4,9802	5,8699	0,8257	6,6956	Wäh
9^{37}–10^{37}			18,1	0,9791	4,9184	5,8975	0,9224	6,8199										rend
10^{37}–11^{37}			18,1	0,9475	4,9192	5,8667	0,8495	6,7462										der
11^{37}–12^{37}			18,0	0,9836	4,8108	5,7944	0,8718	6,6662										Nach
12^{37}–1^{37}			17,9	1,0113	4,7955	5,8068	0,8285	6,6353										bleib
1^{37}–2^{37}			17,8	0,9944	4,8108	5,8052	0,6888	6,4940										Calor
2^{37}–3^{37}			18,2	0,9379	4,6735	5,6114	0,6874	6,2488										mete
3^{37}–4^{37}			18,0	1,0213	4,6583	5,6796	0,7471	6,4267										leer
4^{37}–5^{37}			17,9	0,9389	4,6583	5,5972	0,7396	6,3368										
Summa						134,6777	25,0718	159,7495							81,5538	14,7919	96,3457	
Mittel pro Stde.	1787	17,27				5,6116	1,0446	6,6562		1711	17,92				5,4369	0,9861	6,4230	
Mittel pro Kilo u Stunde						3,1402	0,5845	3,7247							3,1776	0,5763	3,7539	

Tabelle II b.

21. VIII. bis 22. VIII.   22. VIII. bis 23. VIII.

Stunde	Mittl. Gewicht d. Kaninchens	Temperatur des Kaninchens	Temperatur des Zimmers	Feuchtigkeits-gehalt der luft in %	Wärmeabgabe pro Kilo Körpergewicht durch Strahlung und Leitung	durch Wasser-ver-dunstung	in Summa	Bemerkungen	Mittl. Gewicht d. Kaninchens	Temperatur des Kaninchens	Temperatur des Zimmers	Feuchtigkeits-gehalt der Luft in %	Wärmeabgabe pro Kilo Körpergewicht durch Strahlung und Leitung	durch Wasser-ver-dunstung	in Summa	Bemerk-ungen
5^{37}–6^{37}	39,0	15,2	75	2,3824	0,8326	3,215				17,8	67	3,4013	0,5217	3,923		Injection
6^{37}–7^{37}		15,4	76	2,6588	0,5602	3,219			39,0	17,8	68	3,4163	0,4527	3,869		
7^{37}–8^{37}		15,6	76	2,8092	0,7148	3,524				17,2	64	2,2666	0,8344	3,101		
8^{37}–9^{37}		15,7	75	3,1408	0,8762	4,017				17,3	65	2,5674	0,8046	3,372		
9^{37}–10^{37}		16,0	76	3,1254	0,7826	3,908				17,4	66	3,0942	0,6548	3,749		
10^{37}–11^{37}		16,3	77	3,1831	0,6859	3,869				17,5	65	3,4584	0,6606	4,114		
11^{37}–12^{37}		16,8	79	3,2540	0,6610	3,915				17,7	66	3,4942	0,6178	4,112		
12^{37}–1^{37}		17,1	79	3,2461	0,6749	3,921				17,9	66	3,4813	0,4717	3,956		
1^{37}–2^{37}		17,4	78	3,2211	0,6919	3,913			38,9	18,1	66	3,3943	0,4697	3,864		
2^{37}–3^{37}		17,7	77	3,2042	0,5368	3,741				18,2	66	3,1195	0,5915	3,711		
3^{37}–4^{37}		17,9	73	3,0896	0,5634	3,653			39,3	18,5	65	2,3346	0,4914	3,726		
4^{37}–5^{37}	38,9	18,0	70	3,1289	0,5370	3,665				18,3	64	2,2506	0,4954	3,746		
Mittelzahl.	1808	16,59	76	3,0366	0,6764	3,713			1718	17,82	66	3,1812	0,5888	3,770		
5^{37}–6^{37}		17,9	69	3,0271	0,6879	3,715				18,4	64	2,6418	0,5182	3,160		
6^{37}–7^{37}		17,8	68	3,2334	0,5056	3,739				18,2	65	3,3640	0,5610	3,925		
7^{37}–8^{37}		17,7	66	3,2678	0,5472	3,815			39,0	18,3	66	3,4901	0,4909	3,981		
8^{37}–9^{37}		17,9	67	3,3223	0,5057	3,828										
9^{37}–10^{37}		18,1	67	3,3853	0,5217	3,857										
10^{37}–11^{37}		18,1	67	3,3125	0,4815	3,824										
11^{37}–12^{37}		18,0	67	3,2900	0,4950	3,785										
12^{37}–1^{37}		17,9	67	3,3045	0,4715	3,776										
1^{37}–2^{37}		17,8	67	3,3093	0,3927	3,702										
2^{37}–3^{37}		18,2	68	3,2068	0,3642	3,571										
3^{37}–4^{37}		18,0	67	3,2504	0,4276	3,678										
4^{37}–5^{37}		17,9	67	3,2107	0,4243	3,635										
Mittelzahl.	1763	17,91	67	3,2586	0,4854	3,744			1684	18,3	65	3,1656	0,5234	3,689		

Versuch No. II.

23. VIII. bis 24. VIII. — 24. VIII. bis 25. VIII.

Mittl. Gewicht d. Kaninchens	Temperatur des Kaninchens	Temperatur des Zimmers	Wärmeabgabe durch Strahlung u. Leitung an die Ventil.-Luft		an das Calorimeter	Gesammt-wärmeabgabe durch Strahlung und Leitung	Wärmeabgabe durch Wasser-verdunstung	Gesammt-wärmeabgabe in Calorien	Bemerkungen	Gewicht des Kaninchens	Temperatur des Kaninchens	Temperatur des Zimmers	Wärmeabgabe durch Strahlung u. Leitung an die Ventil.-Luft		an das Calorimeter	Gesammt-wärmeabgabe durch Strahlung und Leitung	Wärmeabgabe durch Wasser-verdunstung	Gesammt-wärmeabgabe in Calorien	Bemerkungen
648	39,5								6 h	1517	40,2	17,0	0,9129	1,5675		5,4804	0,8504	6,3305	
		14,5	0,7094	2,6246	3,3337	1,0843	4,4180	Injection			17,1	0,8939	4,5673	5,4312	0,7479	6,1791		
		14,7	0,7725	3,0947	3,8672	1,0306	4,8978	von 2 ccm										
		15,4	0,9824	4,1062	5,0886	1,1807	6,2693	Rothlauf-		16,9	0,7856	3,9748	4,7604	1,3769	6,1373		
		15,8	1,0558	4,0477	5,1035	1,0918	6,1953	Bouillon-		16,7	0,9109	4,5675	5,5084	1,3119	6,8203		
		16,4	0,9294	3,8878	4,8172	1,1147	5,9319	Cultur in		16,9	0,9454	4,7496	5,6947	1,2348	6,9295		
		16,9	0,9317	4,1503	5,0820	1,0690	6,1510	die rechte		16,9	0,9258	4,6735	5,5993	1,1755	6,7748		
		17,3	1,0353	4,1322	5,1675	1,2176	6,6751	Ohrvene		16,9	0,9307	4,7343	5,6640	1,0930	6,7580		
	40,4	17,6	1,0552	4,7826	5,6378	1,0608	6,6986		39,8	17,0	0,9003	4,7496	5,6499	1,3481	6,9980	1 h 40 Urin
		17,9	0,9906	4,1062	5,0968	1,0540	6,1478			17,3	0,8098	4,1797	4,9895	1,6736	6,6631	gelassen
		18,1	1,0701	4,6583	5,7284	1,0984	6,8268			17,4	0,8646	4,6583	5,5229	1,0012	6,5241	
		18,3	1,0212	4,4471	5,4683	0,8896	6,3579			17,6	0,8796	4,625	5,1876	1,5204	7,0080	1 h 40 Urin
		18,2	0,9017	4,2980	5,2927	0,8872	6,1299			17,7	0,8868	4,6735	5,5603	1,3774	6,9377	gelassen
		17,9	0,9739	4,1322	5,1061	0,6628	6,0689		1440	35,8	17,6	0,9151	4,7955	5,7106	1,3718	7,0854	Collaps.
		17,7	0,9746	4,5826	5,5572	0,7864	6,3436										Tod
576	40,4	17,6	0,985	4,8261	5,8111	0,8272	6,6383										
		17,8	1,0103	4,6431	5,6534	0,9916	6,6450										
		17,8	1,0269	4,8568	5,8837	0,8160	6,7297										
					88,2852	16,8397	105,1249						71,0602	16,0856	87,1458		
1606	17,05				5,1933	0,9905	6,1838		1487	17,12			5,4662	1,2373	6,7035		
					3,2336	0,6168	3,8504						3,6759	0,8321	4,5080		

Versuch No. II.

23. VIII. bis 24. VIII. — 24. VIII. bis 25. VIII.

Mittl. Gewicht d. Kaninchens	Temperatur des Kaninchens	Temperatur des Zimmers	Feuchtigkeits-gehalt der Luft in %	Wärmenabgabe pro Kilo Körpergewicht durch Strahlung und Leitung	durch Wasser-ver-dunstung	in Summa	Bemerkungen	Mitl. Gewicht d. Kaninchens	Temperaturdes Kaninchens	Temperatur des Zimmers	Feuchtigkeits-gehalt der Luft in %	Wärmenabgabe pro Kilo Körpergewicht durch Strahlung und Leitung	durch Wasser-ver-dunstung	in Summa	Bemerkungen
	39,5	11,5	70	2,0213	0,6587	2,684	Injection		40,2	17,0	65	3,5910	0,5570	4,148	
		14,7	70	2,3570	0,6280	2,985				17,1	67	3,5710	0,4920	4,063	
		15,4	70	3,1103	0,7217	3,832				16,9	65	3,1522	0,9118	4,064	
		15,8	69	3,1286	0,6694	3,798				16,7	66	3,6627	0,8723	4,535	
		16,4	70	2,9626	0,6854	3,648				16,9	66	3,8042	0,8248	4,629	
		16,9	70	3,1330	0,6590	3,792				16,9	66	3,7581	0,7889	4,547	
		17,3	69	3,3751	0,7529	4,128				16,9	64	3,8475	0,7365	4,554	
	40,4	17,6	68	3,1970	0,6580	4,155			39,8	17,0	62	3,8258	0,9127	4,738	Urin gelassen
		17,9	67	3,1671	0,6589	3,826				17,3	62	3,3945	1,1385	4,533	
		18,1	66	3,5754	0,6856	4,261				17,1	61	3,7747	0,6843	4,459	Urin gelassen
		18,3	65	3,1224	0,5566	3,979				17,6	62	3,7665	1,0435	4,810	
1622		16,63	69	3,0683	0,6667	3,735		1491		17,65	64	3,6473	0,8147	4,462	
		18,2	65	3,3223	0,5255	3,848				17,7	64	3,8351	0,9499	4,785	
		17,9	64	3,4047	0,4173	3,822			35,8	17,6	62	3,9573	0,9527	4,910	Collaps
		17,7	64	3,5161	0,4967	4,007									
	40,4	17,6	65	3,6828	0,5212	4,207									
		17,8	64	3,5937	0,6303	4,224									
		17,8	64	3,7552	0,5398	4,295									
1580		17,83	64	3,5447	0,5223	4,067		1443		17,06	63	3,8967	0,9513	4,848	

2*

25. VIII. bis 26. VIII.   26. VIII. bis

Stunde	Gewicht des Kaninchens	Temperatur des Kaninchens	Temperatur des Zimmers	Wärmeabgabe durch Strahlung u. Leitung an die Ventil.-Luft	an das Calorimeter	Gesammtwärmeabgabe durch Strahlung und Leitung	Wärmeabgabe durch Wasserverdunstung	Gesammtwärmeabgabe in Calorien	Bemerkungen	Gewicht des Kaninchens	Temperatur des Kaninchens	Temperatur des Zimmers
8—9	1979	39,3	14,9	1,0048	3,4537	4,4585	1,2232	5,6817	Beginn nach 36 stündiger Carenz			
9—10			15,3	0,9121	3,6869	4,5993	1,0413	5,6406				18,7
10—11			15,0	0,9486	4,3426	5,2912	1,5463	6,8375				18,9
11—12			16,5	1,0632	5,1200	6,1832	1,3351	7,5183				19,2
12—1			16,0	1,1208	4,7343	5,8551	1,3943	7,3494				19,6
1—2			17,4	0,9800	4,6128	5,5928	1,2643	6,8571				19,9
2—3			17,7	1,0260	4,9338	5,9598	1,3901	7,3499				20,2
3—4			18,0	0,9596	4,8415	5,8011	1,3434	7,1445				20,3
4—5			18,3	1,0310	4,5977	5,6287	1,3610	6,9897				20,4
5—6			18,1	0,9979	4,5826	5,5805	1,1554	6,7359	Bei Temperaturmessung viel Bewegung	1850	39,4	20,3
6—7	1933	39,4	18,2	1,0310	4,6887	5,7197	1,5133	7,2330				
7—8			18,0	0,9064	4,7496	5,6580	1,5746	7,2326				
8—9			18,2	0,8721	4,9492	5,8213	1,2660	7,0873				
9—10			18,4	0,8618	4,9956	5,8574	1,0836	6,9110				
10—11			18,5	0,9119	5,0267	5,9386	1,0838	7,0224				
11—12			18,5	0,8848	4,9647	5,8495	1,2780	7,1275				
12—1			18,4	0,8574	5,0267	5,8841	0,9223	6,8064				
1—2												
2—3												
3—4			18,0	1,0070	5,2852	6,2422	1,1771	7,4193				
4—5			17,9	0,9517	5,2187	6,1704	0,9810	7,1514				
5—6			17,5	0,9249	4,7649	5,6898	0,9548	6,6446				17,4
6—7			17,5	0,9886	4,9647	5,9533	0,9241	6,8774		1808	41,2	17,4
7—8	1885	39,4	18,2	0,8994	4,7496	5,6490	0,9118	6,5608				17,9
Summa						125,4835	26,7228	152,2063				
Mittel pro Stde.	1932		17,57			5,7034	1,2146	6,9180		1844		19,18
Mittel pro Kilo u. Stde.						2,9523	0,6286	3,5809				

25. VIII. bis 26. VIII.   26. VIII. bis

Stunde	Mittl. Gewicht d. Kaninchens	Temperatur des Kaninchens	Temperatur des Zimmers	Feuchtigkeitsgehalt der Luft in %	Wärmeabgabe pro Kilo Körpergewicht durch Strahlung und Leitung	durch Wasserverdunstung	in Summa	Bemerkungen	Mittl. Gewicht d. Kaninchens	Temperatur des Kaninchens	Temperatur des Zimmers	Feuchtigkeitsgehalt der Luft in %
8—9		39,3	14,9	69	2,2555	0,6187	2,874					
9—10			15,3	69	2,3313	0,5277	2,859					
10—11			15,9	69	2,6872	0,7858	3,473				18,7	68
11—12			16,5	70	3,1102	0,6798	3,828				18,9	67
12—1			16,9	69	3,0376	0,7114	3,749				19,2	67
1—2			17,4	69	2,8597	0,6463	3,506				19,6	67
2—3			17,7	69	3,0529	0,7121	3,765				19,9	67
3—4			18,0	68	2,9781	0,6896	3,668				20,2	67
4—5			18,3	67	2,8966	0,7004	3,597				20,3	68
5—6			18,4	67	2,8782	0,5948	3,473				20,4	68
6—7		39,1	18,2	65	2,9560	0,7820	3,738			39,1	20,3	69
7—8			18,0	67	2,9306	0,8154	3,746					
Mittelzahl.	1956		17,12	68	2,8344	0,6886	3,523		1869		19,7	68
8—9			18,2	67	3,0194	0,6566	3,676					
9—10			18,4	65	3,0448	0,5632	3,608					
10—11			18,5	65	3,0926	0,5644	3,657					
11—12			18,5	65	3,0530	0,6670	3,720					
12—1			18,4	66	3,0769	0,4821	3,559					
1—2												
2—3												
3—4			18,0	65	3,2821	0,6189	3,901					
4—5			17,9	65	3,2512	0,5168	3,768				17,4	68
5—6			17,5	65	3,0039	0,5041	3,508				17,4	67
6—7			17,5	66	3,1484	0,4886	3,637			41,2	17,9	73
7—8		39,4	18,2	67	2,9938	0,4832	3,477					
Mittelzahl.	1909		18,11	66	3,0966	0,5544	3,651		1808		17,5	69

Versuch No. III.

27. VIII.   27. VIII. bis 28. VIII.

Wärmeabgabe durch Strahlung u. Leitung		Gesammt-wärmeabgabe durch Strahlung und Leitung	Wärmeabgabe durch Wasser-verdunstung	Gesammt-wärmeabgabe in Calorien	Bemerkungen	Gewicht des Kaninchens	Temperatur des Kaninchens	Temperatur des Zimmers	Wärmeabgabe durch Strahlung u. Leitung		Gesammt-wärmeabgabe durch Strahlung und Leitung	Wärmeabgabe durch Wasser-verdunstung	Gesammt-wärmeabgabe in Calorien	Bemerkungen
an die Ventil.-Luft	an das Calorimeter								an die Ventil.-Luft	an das Calorimeter				
0,8000	1,1062	4,9062	1,7086	6,6148	9 h Injection von 2 ccm Rothlauf-Bouillon-Cultur in die rechte Ohrvene			18,5	0,9758	5,1364	6,1122	1,2945	7,5067	
0,8768	4,6431	5,5199	1,3738	6,8937				19,1	1,0390	5,0880	6,1270	1,2749	7,4019	
1,0761	5,7994	6,8608	1,6012	8,4680				19,7	0,9465	4,9638	5,8803	0,9960	6,8763	
1,0290	5,3347	6,3637	1,2700	7,6337				20,7	0,9260	4,7955	5,7215	1,0270	6,7485	
1,1172	5,5525	6,6697	1,1979	8,1676			41,7	21,3	1,0030	5,2187	6,2217	1,2935	7,5210	
0,9603	4,8722	5,8825	1,4394	7,2719				21,8	0,9049	5,1200	6,0249	1,7612	7,7861	
1,1017	4,7802	5,8819	1,5345	7,0364				22,0	1,0765	5,6710	6,7175	1,5390	8,2565	
1,0010	4,9030	5,9040	1,1899	7,0939				22,5	1,0160	5,1200	6,1360	1,3317	7,4677	
0,9442	4,6128	5,5570	0,9849	6,5419		1764	41,4	22,1	1,0870	5,2683	6,3553	1,3648	7,7201	
					Thier bleibt über Nacht im Calorimeter									
0,8833	1,7191	5,6024	0,6840	6,2864										
0,8968	4,8261	5,7199	0,9068	6,6267										
0,7568	4,2683	5,0251	1,1208	6,1459										
		69,8491	14,9318	84,7809							67,2140	14,0686	81,3126	
		5,8207	1,2443	7,0650		1785		20,2			6,1131	1,2789	7,3920	
		3,1562	0,6748	3,8310							3,4245	0,7165	4,1410	

Versuch No. III.

27. VIII.   27. VIII. bis 28. VIII.

Wärmeabgabe pro Kilo Körpergewicht			Bemerkungen	Mittl. Gewicht d. Kaninchens	Temperatur des Kaninchens	Temperatur des Zimmers	Feuchtigkeits-gehalt der Luft in %	Wärmeabgabe pro Kilo Körpergewicht			Bemerkungen
durch Strahlung und Leitung	durch Wasser-verdunstung	in Summa						durch Strahlung und Leitung	durch Wasser-ver-dunstung	in Summa	
2,6137	0,9103	3,524	Injection			18,5	72	3,3896	0,7731	4,163	
2,9159	0,7331	3,679				19,1	69	3,4026	0,7114	4,114	
3,6709	0,8558	4,526				19,7	69	3,2762	0,5548	3,831	
3,4071	0,6799	4,087				20,1	68	3,2235	0,5315	3,755	
3,5784	0,8036	4,382		41,7		20,7	65	3,1997	0,5743	3,774	
3,4346	0,7731	3,908				21,3	62	3,4877	0,7283	4,216	
3,1657	0,6213	3,787				21,8	59	3,2832	0,9888	4,372	
3,1826	0,6414	3,824				22,0	59	3,7969	0,8661	4,663	
2,9982	0,5318	3,530		41,4		22,5	58	3,4609	0,7511	4,212	
						22,6	59	3,4699	0,6371	4,107	
						22,4	58	3,5992	0,7728	4,372	
3,1882	0,7278	3,916		1785		20,2	63	3,4268	0,7172	4,144	
3,0898	0,3772	3,467									
3,1601	0,5009	3,661									
2,7821	0,6206	3,403									
3,0105	0,4995	3,510									

28. VIII. bis 29. VIII.   29. VIII. bis 30. VIII.

Stunde	Gewicht des Kaninchens	Temperatur des Kaninchens	Temperatur des Zimmers	Wärmeabgabe durch Strahlung u. Leitung an die Ventil. Luft	an das Calorimeter	Gesammtwärmeabgabe durch Strahlung und Leitung	Wärmeabgabe durch Wasserverdunstung	Gesammtwärmeabgabe in Calorien	Bemerkungen	Gewicht des Kaninchens	Temperatur des Kaninchens	Temperatur des Zimmers	Wärmeabgabe durch Strahlung u. Leitung an die Ventil. Luft	an das Calorimeter	Gesammtwärmeabgabe durch Strahlung und Leitung	Wärmeabgabe durch Wasserverdunstung	Gesammtwärmeabgabe in Calorien	Bemerkungen
Abends																		
7–8	1748	39,0	19,1	0,8736	2,3840	3,2576	1,1717	4,4283	Beginn			20,0	0,7500	2,719	3,4690	0,7617	4,2307	7 h 55
8–9			18,9	0,8582	2,6652	3,5234	0,8969	4,4203	nach			20,4	0,9797	3,1941	4,1738	0,7670	4,9408	Inject.
9–10			18,8	0,8670	2,7881	3,6551	0,8052	4,4603	36 std.			19,9	1,0497	3,1245	4,4742	0,7842	5,2384	von
10–11			18,9	0,8912	2,9542	3,8454	0,7064	4,5518	Carnz.			19,8	0,9982	3,5562	4,5544	0,7172	5,2716	3 ccm
11–12			18,9	0,7945	2,9264	3,7209	0,7770	4,4979				19,4	1,0145	3,6726	4,6871	0,6499	5,3370	Roth-
12–1			18,7	0,8752	3,0521	3,9276	0,8932	4,8208	Abds.			19,0	1,0914	3,5709	4,6623	1,4299	6,0922	lauf-
1–2									Thier			18,8	0,9829	3,8734	4,8363	0,6551	5,5114	Bouil-
2–3									blbt.			18,5	0,9789	3,558	4,8369	0,6434	5,4803	lon-
3–4									i. Ca-			18,0	0,9199	3,7727	4,6926	0,6619	5,3545	Cultur
4–5			17,9	0,8741	3,2083	4,0814	0,7649	4,8463	lori-			17,7	0,8414	3,7154	4,5568	1,2132	5,7700	sub-
5–6			18,1	0,8725	3,3810	4,2535	0,5554	4,8089	met.			17,1	0,733	4,0916	4,8246	0,7123	5,5369	cutan
6–7			18,2	0,8586	3,4391	4,2977	0,7309	5,0286										
7–8	1704	39,0	18,4	0,8177	3,0806	3,8983	0,6313	4,5296		1622	40,8	17,7	0,8269	3,6004	4,4273	0,7867	5,2140	
8–9			18,2	0,9049	2,9264	3,8313	1,0519	4,8832				17,0	0,9631	3,1656	4,1287	0,8043	4,9930	
9–10			18,4	0,8495	2,9125	3,7620	0,7221	4,4841				17,7	1,0591	3,6726	4,7317	0,7792	5,5109	
10–11			18,8	0,8701	2,8708	3,7409	0,6393	4,3802				18,0	0,9844	3,63	4,6144	0,6165	5,2309	
11–12			19,2	0,8643	3,0524	3,9167	0,6438	4,5605				18,4	0,9622	3,6442	4,6064	0,8277	5,4341	
12–1			19,5	0,8324	3,0383	3,8707	0,7404	4,6111				18,7	0,9588	3,5857	4,5445	0,7985	5,3430	
1–2			19,8	0,8625	2,9542	3,8167	0,7502	4,5669				19,0	0,9482	3,7870	4,7352	0,7983	5,5335	
2–3			20,0	0,8268	2,9125	3,7393	0,5925	4,3318				19,1	0,9929	3,7154	4,7083	0,8185	5,5268	
3–4			20,2	0,8263	2,8570	3,6833	0,5048	4,1881				19,2	0,9853	3,784	4,7693	0,6834	5,4327	
4–5			20,4	0,7657	2,8156	3,5813	0,4771	4,0584				19,2	1,0186	3,8416	4,8632	0,7604	5,6236	
5–6			20,4	0,7107	2,8432	3,5539	0,4714	4,0253		1594	41,7	19,2	1,0186	3,8416	4,8632	0,7604	5,6236	
6–7	1659	39,0	20,1	0,7526	2,9125	3,6651	0,6900	4,3551				19,0	0,9448	3,2656	4,2104	0,9073	5,1177	
Summa						79,6211	15,2164	94,8375							100,1874	17,5766	117,7640	
Mittel pro Stde.	1703		19,09			3,7914	0,7246	4,5160		1623		18,76			4,5540	0,7989	5,3529	
Mittel pro Kilo u. Stde.						2,2263	0,4254	2,6517							2,8053	0,4922	3,2975	

28. VIII. bis 29. VIII.   29. VIII. bis 30. VIII.

Stunde	Mittl. Gewicht d. Kaninchens	Temperatur des Kaninchens	Temperatur des Zimmers	Feuchtigkeitsgehalt der Luft in %	Wärmeabgabe pro Kilo Körpergewicht durch Strahlung und Leitung	durch Wasserverdunstung	in Summa	Bemerkungen	Mittl. Gewicht d. Kaninchens	Temperatur des Kaninchens	Temperatur des Zimmers	Feuchtigkeitsgehalt der Luft in %	Wärmeabgabe pro Kilo Körpergewicht durch Strahlung und Leitung	durch Wasserverdunstung	in Summa	Bemerkungen
7–8	39,0	19,1	58		1,8649	0,6711	2,536			20,0	59		2,0978	0,4602	2,558	Injection
8–9		18,9	58		2,0215	0,5145	2,536			20,4	60		2,5268	0,4642	2,991	
9–10		18,8	58		2,1003	0,4627	2,563			19,9	58		2,7135	0,4755	3,189	
10–11		18,9	59		2,2151	0,4069	2,622			19,8	58		2,7694	0,4356	3,205	
11–12		18,9	60		2,1477	0,4183	2,596			19,4	58		2,8523	0,3955	3,248	
12–1		18,7	60		2,2714	0,5166	2,788			19,0	58		2,8432	0,8718	3,715	
1–2										18,8	58		2,9668	0,4002	3,367	
2–3										18,5	57		2,9603	0,3937	3,354	
3–4		17,9	59		2,3783	0,4457	2,824			18,0	57		2,8772	0,4058	3,283	
4–5		18,1	60		2,4846	0,3244	2,809			17,7	57		2,7988	0,7452	3,544	
5–6		18,2	58		2,5144	0,4276	2,942			17,1	57		2,9687	0,4383	3,407	
Mittelzahl.	1728	18,64	59		2,2224	0,4686	2,691		1640	18,90	58		2,7613	0,4987	3,260	
7–8	39,0	18,4	59		2,2843	0,3707	2,655		40,8	17,7	58		2,7351	0,4859	3,221	
8–9		18,2	60		2,2510	0,6180	2,869			17,6	57		2,5906	0,4974	3,088	
9–10		18,4	62		2,2118	0,4252	2,640			17,7	58		2,9312	0,4828	3,414	
10–11		18,8	62		2,2087	0,3773	2,586			18,0	58		2,8643	0,3827	3,247	
11–12		19,2	61		2,3151	0,3809	2,699			18,1	58		2,8626	0,5144	3,377	
12–1		19,5	60		2,2959	0,4391	2,735			18,7	58		2,8298	0,4972	3,327	
1–2		19,8	59		2,2708	0,1462	2,717			19,0	58		2,9540	0,4980	3,452	
2–3		20,0	59		2,2297	0,3733	2,583			19,1	58		2,9408	0,5112	3,452	
3–4		20,2	60		2,2013	0,3017	2,503			19,2	58		2,9844	0,4276	3,412	
4–5		20,4	59		2,1462	0,3748	2,432		41,7	19,2	58		3,0198	0,4767	3,526	
5–6		20,4	59		2,1349	0,2831	2,418			19,2	58		3,0198	0,4767	3,526	
6–7	39,0	20,1	58		2,2066	0,4154	2,622		39,0	20,1	60		2,6451	0,5699	3,215	
Mittelzahl.	1684	19,15	60		2,2247	0,3913	2,616		1607	18,50	58		2,8532	0,4858	3,339	

Versuch No. IV.

30. VIII. bis 31. VIII.   31. VIII. bis 1. IX.

Kaninchens	Temperatur des Kaninchens	Temperatur des Zimmers	Wärmeabgabe durch Strahlung u. Leitung an die Ventil.-Luft	an das Calorimeter	Gesammt-wärmeabgabe durch Strahlung und Leitung	Wärmeabgabe durch Wasser-verdunstung	Gesammt-wärmeabgabe in Calorien	Bemerk-ungen	Gewicht des Kaninchens	Temperatur des Kaninchens	Temperatur des Zimmers	Wärmeabgabe durch Strahlung u. Leitung an die Ventil.-Luft	an das Calorimeter	Gesammt-wärmeabgabe durch Strahlung und Leitung	Wärmeabgabe durch Wasser-verdunstung	Gesammt-wärmeabgabe in Calorien	Bemerk-ungen
		19,0	0,9953	3,7870	4,7823	0,8128	5,5951				18,9	0,9387	4,0185	4,9572	0,5877	5,5449	
		19,3	0,8562	3,8158	4,6720	0,7273	5,3993		1492	40,4	18,6	0,9525	4,165	5,1175	0,7571	5,8476	
		19,7	0,9194	4,0185	4,9379	0,7482	5,6861										
		20,0	0,8072	3,9313	4,7385	0,5865	5,3250										
	41,5	20,1	0,8448	3,9023	4,7371	0,7428	5,4799	Thier bleibt im Calorimeter									
47	41,0	18,6	1,0271	3,8734	4,9005	0,9602	5,8607	Injection von 2 ccm Rothlauf-Bouillon-Cultur subcutan									
		18,3	1,0129	3,9168	4,9297	0,7100	5,6397										
		17,5	0,8968	3,2369	4,1337	0,7207	4,8544										
		17,8	0,9974	3,6152	4,6126	0,7813	5,3969										
		18,4	1,0509	3,8014	4,8523	0,8133	5,6656										
		18,7	1,0014	3,6584	4,6598	0,8180	5,4778										
48	40,7	19,0	1,0108	3,7584	4,7692	0,8005	5,5700										
		19,1	1,0318	3,7154	4,7472	0,7844	5,5316										
		19,4	0,9922	3,7297	4,7219	0,5916	5,3135										
		19,4	0,9401	3,6004	4,5405	0,7469	5,2874										
		19,4	0,9228	3,6004	4,5232	0,6802	5,2034										
		19,4	0,9096	3,7727	4,6823	0,7283	5,4106										
45		18,9			79,9407	12,7563	92,6970										
					4,7025	0,7503	5,4528										
					3,0450	0,4843	3,5293										

Versuch No. IV.

30. VIII. bis 31. VIII.   31. VIII. bis 1. IX.

d. Kaninchens	Temperatur des Kaninchens	Temperatur des Zimmers	Feuchtigkeits-gehalt der Luft in %	Wärmeabgabe pro Kilo Körpergewicht durch Strahlung und Leitung	durch Wasser-ver-dunstung	in Summa	Bemerk-ungen	Mittl. Gewicht d. Kaninchens	Temperatur des Kaninchens	Temperatur des Zimmers	Feuchtigkeits-gehalt der Luft in %	Wärmeabgabe pro Kilo Körpergewicht durch Strahlung und Leitung	durch Wasser-ver-dunstung	in Summa	Bemerk-ungen
		19,0	61	3,0095	0,5115	3,521				18,9	61	3,3097	0,3923	3,702	
		19,3	60	2,9455	0,4585	3,404		1496	40,4	18,6	62	3,4073	0,5067	3,914	
		19,7	60	3,1207	0,4733	3,594									
		20,0	59	3,0006	0,3714	3,372									
	41,5	20,1	58	3,0057	0,4713	3,477									
		18,6	60	3,1603	0,6187	3,779									
77		19,45	60	3,0109	0,4841	3,525		1496		18,8	63	3,3585	0,4195	3,808	
	41,0	18,3	61	3,1827	0,4583	3,641	Injection								
		17,5	60	2,6851	0,4679	3,153									
		17,8	60	3,0051	0,5109	3,516									
		18,4	60	3,1715	0,5315	3,703									
		18,7	61	3,0556	0,5364	3,592									
	40,7	19,0	61	3,1372	0,5268	3,664									
		19,1	62	3,1316	0,5171	3,649									
		19,4	64	3,1210	0,3910	3,512									
		19,4	62	3,0091	0,4949	3,504									
		19,4	62	3,0051	0,4519	3,457									
		19,4	62	3,1198	0,4852	3,605									
525		18,76	61	2,9657	0,4883	3,454									

5. IV. bis 6. IV.

Stunde	Gewicht des Kaninchens	Temperatur des Kaninchens	Temperatur des Zimmers	Wärmeabgabe durch Strahlung u. Leitung		Gesammt-wärmeabgabe durch Strahlung und Leitung	Wärmeabgabe durch Wasserverdunstung	Gesammt-wärmeabgabe in Calorien	Bemerkungen
				an die Ventil. Luft	an das Calorimeter				
9—10	2213	38,8	19,4	0,3882	3,8158	4,2040	1,1510	5,3550	Beginn
10—11			19,6	0,4456	3,9603	4,4059	1,0102	5,4161	nach
11—12			19,8	0,4216	3,9168	4,3384	0,9319	5,2703	24 st.
12—1			19,9	0,4685	4,1356	4,6041	0,9151	5,5192	Ca-
1—2			20,1	0,4015	4,1208	4,5223	0,9039	5,4262	renz
2—3			20,3	0,3921	4,1322	4,8243	0,9144	5,7687	
3—4			20,4	0,4484	4,5675	5,0160	1,0460	6,0620	
4—5			20,4	0,4425	4,2387	4,6812	0,9296	5,6108	
5—6			20,0	0,4342	4,0769	4,5111	0,9091	5,4202	
6—7			20,2	0,4502	3,9748	4,1250	0,9178	5,3428	
7—8			20,4	0,4390	3,7297	4,1687	0,8842	5,0529	
8—9			20,4	0,4472	3,7154	4,1626	0,7910	4,9536	
9—10			20,6	0,3861	3,1372	3,5233	0,9251	4,4484	9 h 40
10—11			20,8	0,4082	3,0664	3,4746	0,7972	4,2718	ge-
11—12			20,9	0,4005	3,0917	3,4922	0,8103	4,3055	lassen
12—1			21,0	0,3894	3,0521	3,4415	0,6259	4,0674	
1—2			21,0	0,3928	2,8986	3,2914	0,6946	3,9860	
2—3			20,6	0,4158	3,0806	3,4964	0,7193	4,2157	
3—4			20,6	0,4085	3,0917	3,5032	0,7282	4,2315	
4—5			20,5	0,4086	3,0947	3,5033	0,6046	4,1079	
5—6			20,2	0,4507	3,6300	4,0807	0,7193	4,8000	
6—7			20,0	0,4509	3,9023	4,352	0,7076	5,0608	
7—8 / 8—9	2131	39,1							
Summa						90,0264	18,6664	108,6928	
Mittel pro Stde.	2189		20,4			4,0021	0,8484	4,9405	
Mittel pro Kilo u. Stde						1,8740	0,3875	2,2615	

6. IV. bis 7. IV.

Gewicht des Kaninchens	Temperatur des Kaninchens	Temperatur des Zimmers	an die Ventil. Luft	an das Calorimeter	Gesammt-wärmeabgabe durch Strahlung und Leitung	Wärmeabgabe durch Wasserverdunstung	Gesammt-wärmeabgabe in Calorien	Bemerkungen
								9 h
		20,6	0,3645	3,0941	3,4586	1,5687	5,0273	In
		20,1	0,5329	3,2083	3,7412	1,6408	5,3820	ject
		20,2	0,5083	3,3665	3,8748	1,3547	5,2295	vo
		20,4	0,5036	3,4975	4,0011	0,9536	4,9547	2 cc
		20,0	0,5715	4,0769	4,6484	0,9186	5,5970	Rot
		19,7	0,5506	3,0894	4,6400	0,8665	5,4065	lau
		19,6	0,5133	3,7012	4,2145	0,6892	4,9037	Bou
		19,6	0,5260	3,7012	4,2272	0,6368	4,8610	lon
		19,2	0,5267	3,9023	4,4290	0,8596	5,2886	Cu
		19,4	0,5373	3,7012	4,2385	0,6688	4,9073	tu
		19,2	0,5214	3,6442	4,1656	0,7134	4,8790	in d
		19,2	0,3700	3,4537	3,8237	1,5365	5,3602	rech
		19,2	0,6061	3,7870	4,3931	1,8947	6,2878	Oh
		20,1	0,5206	3,0947	3,6153	0,8567	4,4720	ven
		19,7	0,5665	3,0383	3,6048	0,8995	4,5043	
		19,1	0,5675	3,0664	3,6339	0,4683	4,0972	
		19,2	0,5781	3,3087	3,8868	0,5207	4,4075	
		19,0	0,5640	3,28	3,8440	0,4502	4,2942	
		19,0	0,5493	3,1230	3,6723	0,5200	4,1923	
		18,6	0,5648	3,3665	3,9313	0,5741	4,5054	
		18,4	0,4783	3,3955	3,8738	0,4325	4,3263	
		18,2	0,4218	3,41	3,8318	0,4072	4,2415	
2071	39,4	18,3	0,3869	3,63	4,0169	0,5038	4,5207	
2031	40,6				91,6691	19,9799	111,6490	
2079		19,41			3,9854	0,8686	4,8540	
					1,9171	0,4178	2,3349	

5. IV. bis 6. IV.

Stunde	Mittl. Gewicht d. Kaninchens	Temperatur des Kaninchens	Temperatur des Zimmers	Feuchtigkeitsgehalt der Luft in %	Wärmeabgabe pro Kilo Körpergewicht			Bemerkungen
					durch Strahlung und Leitung	durch Wasserverdunstung	in Summa	
9—10		38,8	19,1	45	1,8754	0,5136	2,389	
10—11			19,6	45	1,9702	0,4518	2,422	
11—12			19,8	45	1,9443	0,4177	2,362	
12—1			19,9	46	2,0671	0,4109	2,478	
1—2			20,1	46	2,0352	0,4068	2,442	
2—3			20,3	45	2,1761	0,4259	2,602	
3—4			20,4	45	2,2661	0,4726	2,739	
4—5			20,4	43	2,1200	0,4210	2,541	
5—6			20,3	42	2,0465	0,4125	2,459	
6—7			20,2	43	2,0116	0,4174	2,429	
7—8			20,4	44	1,9000	0,4030	2,303	
8—9		39,4	20,4	44	2,0061	0,3612	2,262	
Mittelzahl.	2216		20,1	44	2,1158	0,4262	2,542	
9—10			20,6	45	1,6166	0,4244	2,041	Urin gelassen
10—11			20,8	47	1,5966	0,3664	1,963	
11—12			20,9	48	1,6098	0,3732	1,983	
12—1			21,0	49	1,5891	0,2889	1,878	
1—2			21,0	48	1,5227	0,3215	1,844	
2—3			20,6	47	1,6205	0,3335	1,954	
3—4			20,6	46	1,6266	0,3381	1,965	
4—5			20,5	46	1,6395	0,2815	1,912	
5—6			20,2	46	1,9044	0,3356	2,240	
6—7			20,0	46	2,0361	0,3309	2,367	
8—9		39,4						
Mittelzahl.	2159		20,6	47	1,6756	0,3394	2,015	

6. IV. bis 7. IV.

Mittl. Gewicht d. Kaninchens	Temperatur des Kaninchens	Temperatur des Zimmers	Feuchtigkeitsgehalt der Luft in %	durch Strahlung und Leitung	durch Wasserverdunstung	in Summa	Bemerkungen
		20,6	49	1,6285	0,7385	2,367	Injection
		20,4	48	1,7657	0,7743	2,540	
		20,2	44	1,8332	0,6408	2,471	
		20,1	43	1,8968	0,4522	2,349	
		20,0	43	2,2092	0,4508	2,660	
		19,7	42	2,1632	0,4128	2,576	
		19,6	41	2,0129	0,3291	2,342	
		19,6	41	2,0352	0,3018	2,328	
		19,2	44	2,1255	0,4125	2,538	
		19,1	47	2,0383	0,3217	2,360	
	39,4	19,2	49	2,0081	0,3439	2,352	
2099		19,81	45	1,9730	0,4710	2,444	
		19,2	51	1,8181	0,7126	2,591	Urin gelassen
		19,2	50	2,1360	0,9170	3,043	
		20,1	50	1,7527	0,4153	2,168	
		19,7	49	1,7504	0,4366	2,187	
		19,4	47	1,7668	0,2252	1,992	
		19,2	47	1,8934	0,2536	2,147	
		19,0	47	1,8754	0,2196	2,095	
		19,0	47	1,7910	0,2510	2,048	
		18,6	46	1,9231	0,2809	2,201	
		18,4	46	1,8983	0,2217	2,120	
		18,2	47	1,8821	0,1999	2,082	
10,6	18,3	47		1,9743	0,2477	2,222	
2053		19,02	48	1,8742	0,3678	2,242	

Versuch No. V.

7. IV. bis 8. IV. | 8. IV. bis 9. IV.

Gewicht des Kaninchens	Temperatur des Kaninchens	Temperatur des Zimmers	Wärmeabgabe durch die Ventil.-Luft an das Calorimeter	Wärmeabgabe durch Strahlung u. Leitung	Gesammt-wärmeabgabe durch Strahlung und Leitung	Wärmeabgabe durch Wasserverdunstung	Gesammt-wärmeabgabe in Calorien	Bemerkungen	Gewicht des Kaninchens	Temperatur des Kaninchens	Temperatur des Zimmers	Wärmeabgabe durch die Ventil.-Luft an das Calorimeter	Wärmeabgabe durch Strahlung u. Leitung	Gesammt-wärmeabgabe durch Strahlung und Leitung	Wärmeabgabe durch Wasserverdunstung	Gesammt-wärmeabgabe in Calorien	Bemerkungen
		19,0	0,5295	4,0623	4,5918	0,9367	5,5285				19,8	0,5490	4,2980	4,8470	0,8832	5,7302	
		19,1	0,4715	3,9748	4,4463	0,6326	5,0784				19,8	0,4672	1,0185	4,4857	0,6753	5,1610	
		19,1	0,4822	3,8734	4,3556	0,5528	4,9084				19,6	0,4372	3,5878	4,3450	0,5730	4,9180	
		19,5	0,4397	3,744	4,1937	0,5403	4,7340				19,7	0,4682	3,9748	4,4430	0,5866	5,0296	
		19,5	0,4091	4,9392	5,3486	0,5153	5,8739				19,5	0,4392	3,8878	4,3270	0,5458	4,8728	
		19,6	0,5015	3,7584	4,2599	0,6958	4,9557				19,5	0,4392	4,0916	4,5408	0,6502	5,1910	
		19,6	0,568	3,5613	4,1993	0,6458	4,8451				19,3	0,4615	1,0331	4,4916	0,6628	5,1274	
		19,5	0,5212	4,0292	4,7551	0,6028	5,3592	5 h 10 Urin gelassen			19,1	0,4655	4,0769	4,5424	0,6415	5,1559	
		19,4	0,5293	3,8878	4,1171	0,2708	5,6879		1891	10,5	19,1	0,4704	1,1356	4,6060	0,5687	5,1747	6 h Urin gelassen
		19,4	0,5457	3,6584	4,1741	0,9525	5,1266				19,8	0,4663	3,5232	3,7895	0,9665	1,7560	
988	41,1	19,5	0,4634	2,8708	3,3362	0,7216	4,0608				20,2	0,6429	3,3676	3,9605	1,0096	4,9591	
		19,3	0,5166	2,7606	3,2772	1,0058	4,2830				20,2	0,6497	3,3520	3,9697	0,7701	1,7398	
		19,3	0,6295	3,0947	3,7242	1,2677	4,9919				20,2	0,6411	2,9822	3,6266	0,6778	1,3011	
		19,6	0,4035	2,8570	3,2605	0,6903	3,9508	11 h 50 Urin gelassen			29,6	0,6491	2,9542	3,5785	0,7009	1,2712	
								Thier bleibt im Calorimeter		40,0	20,1	0,5891	2,783	3,3224	0,6136	3,9360	Thier bleibt im Calorimeter
		19,8	0,5776	3,6869	1,2615	0,9893	5,2538										
929	41,3	20,0	0,4541	3,6726	1,1267	1,1599	5,2866										
		19,9	0,5489	3,8302	1,3794	1,0121	5,3915		1849	35,9		0,4982	3,5857	4,0839	0,6365	4,7204	
					71,3982	11,1954	85,5936							66,9174	11,1013	78,0187	
4976	19,49				4,1999	0,8350	5,0349		1887	19,85				4,1842	0,6938	4,8780	
					2,1254	0,4226	2,5480							2,2173	0,3677	2,5850	

Versuch No. V.

7. IV. bis 8. IV. | 8. IV. bis 9. IV.

Mittl. Gewicht d. Kaninchens	Temperatur des Zimmers	Feuchtigkeitsgehalt der Luft in %	Wärmeabgabe pro Kilo Körpergewicht			Bemerkungen	Mittl. Gewicht d. Kaninchens	Temperatur des Zimmers	Feuchtigkeitsgehalt der Luft in %	Wärmeabgabe pro Kilo Körpergewicht			Bemerkungen
			durch Strahlung und Leitung	durch Wasserverdunstung	in Summa					durch Strahlung und Leitung	durch Wasserverdunstung	in Summa	
	19,0	47	2,2649	0,1621	2,727			19,8	46	2,5215	0,4595	2,981	
	19,1	46	2,1965	0,3125	2,509			19,8	45	2,3389	0,3521	2,691	
	19,1	46	2,1563	0,2737	2,430			19,6	45	2,2688	0,2992	2,568	
	19,5	46	2,0800	0,2680	2,318			19,7	44	2,3249	0,3071	2,632	
	19,5	46	2,6629	0,2561	2,919			19,5	44	2,2688	0,2862	2,555	
	19,6	46	2,1207	0,3463	2,467			19,3	43	2,3801	0,3159	2,726	
	19,6	46	2,2139	0,3221	2,566			19,3	42	2,3659	0,3331	2,699	
	19,5	46	2,3658	0,3012	2,667	Urin gelassen		19,1	42	2,3916	0,3221	2,717	
	19,4	47	2,2116	0,6364	2,848		10,5	19,1	43	2,4336	0,3004	2,734	Urin gelassen
	19,4	46	2,0933	0,1777	2,571			19,8	45	2,0051	0,5116	2,517	
41,1	19,5	45	1,6719	0,3691	2,041			20,2	46	2,0959	0,5351	2,631	
							10,0	20,2	45	2,1088	0,1392	2,518	
2008	19,4	46	2,1881	0,3659	2,554		1902	19,6	44	2,2922	0,3718	2,664	
	19,3	45	1,6513	0,5067	2,158			20,2	44	1,9311	0,3609	2,292	
	19,3	44	1,8808	0,6402	2,521			20,6	44	1,9070	0,3740	2,281	
	19,6	45	1,6513	0,3197	2,001	Urin gelassen	40,0	20,1	45	1,7769	0,3281	2,105	
							38,9	20,1	45	2,2062	0,3438	2,550	

9. IV. bis 10. IV. — **10. IV. bis 11. IV.**

Stunde	Gewicht des Kaninchens	Temperatur Kaninchens	Temperatur des Zimmers	Wärmeabgabe an die Ventil.-Luft	an das Calorimeter	Gesammtwärmeabgabe durch Strahlung und Leitung	Wärmeabgabe durch Wasserverdunstung	Gesammtwärmeabgabe in Calorien	Bemerkungen	Gewicht des Kaninchens	Temperatur Kaninchens	Temperatur des Zimmers	an die Ventil.-Luft	an das Calorimeter	Gesammtwärmeabgabe durch Strahlung und Leitung	Wärmeabgabe durch Wasserverdunstung	Gesammtwärmeabgabe in Calorien	Bemerkungen
7^{30}–8^{30}	1700	38,3	17,7	0,4139	3,8580	4,2719	1,5108	5,7822	Be-			20,3	0,3813	2,6788	3,0601	0,8155	3,8756	7 h 25 In-
8^{30}–9^{30}			17,8	0,2912	3,6300	3,9212	0,8127	4,7339	ginn			20,4	0,4565	2,4370	2,8935	0,6652	3,5587	jection
9^{30}–10^{30}			19,0	0,3306	2,9403	3,2709	0,8780	4,1489	nach			20,5	0,5053	2,8708	3,3761	0,8448	4,2209	von
10^{30}–11^{30}			19,3	0,3282	3,1941	3,5223	0,7885	4,3108	45 st.			20,5	0,5016	2,8018	3,3034	0,8645	4,1679	2 ccm
11^{30}–12^{30}			19,5	0,3242	3,3760	3,7002	0,7117	4,4119	Ca-			20,5	0,5059	2,8570	3,3629	0,8290	4,1919	Roth-
12^{30}–1^{30}			19,6	0,4659	3,4391	3,9050	1,0662	4,9712	renz			20,4	0,5141	2,9403	3,4544	0,7506	4,2050	lauf-
1^{30}–2^{30}			19,7	0,4031	3,0242	3,4273	0,6544	4,0817				20,4	0,5183	2,8432	3,3617	0,7522	4,1139	Bouil-
2^{30}–3^{30}			19,7	0,4319	3,3955	3,8274	1,1174	4,9448				20,2	0,5356	2,7881	3,3237	0,6326	3,9563	lon-
3^{30}–4^{30}			19,7	0,3529	2,9542	3,3071	0,6418	3,9489				20,1	0,5318	2,7744	3,3062	0,6195	3,9257	Cultur
4^{30}–5^{30}			19,6	0,4363	3,4245	3,8608	1,0597	4,9205				20,1	0,5757	3,2513	3,8270	0,6690	4,4960	in d. r.
5^{30}–6^{30}			19,5	0,4301	3,3955	3,8256	0,8379	4,6635				20,0	0,5404	3,2653	3,8060	0,5837	4,3897	Ohrv.
6^{30}–7^{30}			19,4	0,3821	3,0417	3,4768	0,5747	4,0515				20,1	0,5093	3,2226	3,7321	0,5783	4,3104	8 h
7^{30}–8^{30}			19,5	0,4311	3,3232	3,7543	0,6912	4,4455				20,1	0,4623	3,0102	3,4725	0,5793	4,0518	Inject.
8^{30}–9^{30}			19,3	0,4427	2,9403	3,3830	0,5825	3,9655				20,0	0,4887	2,7190	3,1577	0,4845	3,6422	v.1 ccm
9^{30}–10^{30}			19,3	0,4064	2,9264	3,3328	0,5308	3,8636				19,8	0,4741	3,0383	3,5124	0,5725	4,0849	Rothl.-
10^{30}–11^{30}			19,4	0,4331	3,0947	3,5278	0,6490	4,1768				19,8	0,5531	3,1088	3,6619	0,5065	4,2584	Bouill.-
11^{30}–12^{30}			19,4	0,4372	3,0806	3,5178	0,5837	4,1015				19,8	0,4878	2,5975	3,0853	0,4403	3,5256	in d. r.
12^{30}–1^{30}			19,3	0,4503	3,0664	3,5167	0,5223	4,0890				19,7	0,4819	2,6381	3,1200	0,4610	3,5810	Ohr-
1^{30}–2^{30}			19,3	0,5216	3,4245	3,9461	0,7943	4,7404				19,6	0,5135	2,6788	3,1923	0,4029	3,5952	vene
2^{30}–3^{30}			19,3	0,4790	3,0242	3,5032	0,4917	3,9949				19,6	0,5758	2,7744	3,3502	0,4698	3,8200	
3^{30}–4^{30}			19,1	0,5177	3,3232	3,8409	0,6098	4,4507				19,6	0,5438	3,2226	3,7664	0,5409	4,3073	
4^{30}–5^{30}			19,1	0,4713	3,1514	3,6227	0,4249	4,0476		1575	41,0	19,7	0,5177	3 3087	3,8204	0,5466	4,3700	
5^{30}–6^{30}			19,1	0,4314	2,9962	3,4276	0,5480	3,9756										
6^{30}–7^{30}	1637	38,6	19,5	0,3849	3,0383	3,4232	0,4958	3,9190										
Summa						87,1126	17,5773	104,6899							74,9512	13,6992	88,6514	
Mittel pro Stde.	1673		19,25			3,6296	0,7324	4,3620		1605		20,05			3,4069	0,6227	4,0296	
Mittel pro Kilo u. Stde.						2,1696	0,4377	2,6073							2,1227	0,3879	2,5106	

(Gewicht 1605, Temperatur 40,1 des Kaninchens in der zweiten Tabelle.)

9. IV. bis 10. IV. — **10. IV. bis 11. IV.**

Stunde	Mittl. Gewicht d. Kaninchens	Temperatur des Zimmers	Feuchtigkeitsgehalt der Luft in %	durch Strahlung und Leitung	durch Wasserverdunstung	in Summa	Bemerkungen	Mittl. Gewicht d. Kaninchens	Temperatur des Zimmers	Feuchtigkeitsgehalt der Luft in %	durch Strahlung und Leitung	durch Wasserverdunstung	in Summa	Bemerkungen
7^{30}–8^{30}	38,3	17,7	42	2,5008	0,8842	3,385			20,3	43	1,8737	0,4993	2,373	Injection
8^{30}–9^{30}		17,8	40	2,2994	0,4760	2,776			20,4	43	1,7749	0,4081	2,183	
9^{30}–10^{30}		19,0	41	1,9222	0,5158	2,438			20,5	43	2,0741	0,5189	2,593	
10^{30}–11^{30}		19,3	41	2,0729	0,4611	2,537			20,5	43	2,0330	0,5320	2,565	
11^{30}–12^{30}		19,5	41	2,1814	0,4196	2,601			20,5	43	2,0729	0,5111	2,584	
12^{30}–1^{30}		19,6	41	2,3063	0,6297	2,936			20,5	42	2,1327	0,4633	2,596	
1^{30}–2^{30}		19,7	41	2,0278	0,3872	2,415			20,4	42	2,0788	0,4652	2,544	
2^{30}–3^{30}		19,7	41	2,2687	0,6623	2,931			20,4	41	2,0591	0,3919	2,451	
3^{30}–4^{30}		19,7	41	1,9639	0,3811	2,345			20,2	41	2,0507	0,3843	2,435	
4^{30}–5^{30}		19,6	40	2,2966	0,6304	2,927			20,1	41	2,3783	0,4157	2,791	
5^{30}–6^{30}		19,5	41	2,2797	0,4993	2,779			20,1	41	2,3696	0,3634	2,733	
6^{30}–7^{30}		19,4	41	2,0759	0,3431	2,419			20,1	41				Injection
Mittelzahl	1692	19,2	41	2,1826	0,5244	2,707		1620	20,3	42	2,0799	0,4521	2,532	
7^{30}–8^{30}		19,5	41	2,2456	0,4131	2,659			20,1	42	2,3308	0,3612	2,692	
8^{30}–9^{30}		19,3	41	2,0270	0,3190	2,376			20,1	41	2,1717	0,3623	2,534	
9^{30}–10^{30}		19,3	41	2,0001	0,3186	2,319			20,0	42	1,9784	0,3036	2,282	
10^{30}–11^{30}		19,4	41	2,1218	0,3902	2,512			19,8	41	2,2029	0,3591	2,562	
11^{30}–12^{30}		19,4	41	2,1194	0,3516	2,471			19,8	41	2,3021	0,3719	2,677	
12^{30}–1^{30}		19,3	41	2,1228	0,3152	2,438			19,8	42	1,9419	0,2771	2,219	
1^{30}–2^{30}		19,3	41	2,3858	0,4802	2,866			19,7	42	2,1212	0,2906	2,258	
2^{30}–3^{30}		19,3	41	2,1212	0,2978	2,419			19,6	42	2,0157	0,2543	2,270	
3^{30}–4^{30}		19,3	42	2,3310	0,3700	2,701			19,6	42	2,1189	0,2971	2,416	
4^{30}–5^{30}		19,1	42	2,2027	0,3337	2,461			19,6	42	2,3835	0,3425	2,728	
5^{30}–6^{30}		19,1	41	2,0873	0,3337	2,421			19,7	42	2,4282	0,3468	2,775	
6^{30}–7^{30}	38,6	19,5	42	2,0891	0,3029	2,392								
Mittelzahl	1655	19,3	41	2,1546	0,3481	2,503		1589	19,8	42	2,1676	0,3241	2,492	

Versuch No. VI.

11. IV. bis 12. IV.   12. IV. bis 13. IV.

Gewicht des Kaninchens	Temperatur des Kaninchens	Temperatur des Zimmers	Wärmeabgabe durch Strahlung u. Leitung an die Ventil.-Luft	an das Calorimeter	Gesammtwärmeabgabe durch Strahlung und Leitung	Wärmeabgabe durch Wasserverdunstung	Gesammtwärmeabgabe in Calorien	Bemerkungen	Gewicht des Kaninchens	Temperatur des Kaninchens	Temperatur des Zimmers	Wärmeabgabe durch Strahlung u. Leitung an die Ventil.-Luft	an das Calorimeter	Gesammtwärmeabgabe durch Strahlung und Leitung	Wärmeabgabe durch Wasserverdunstung	Gesammtwärmeabgabe in Calorien	Bemerkungen
		19,8	0,5066	3,1372	3,6438	0,8026	4,4464				19,8	0,5266	2,9264	3,4530	0,7346	4,1876	
		19,9	0,5154	3,1798	3,6952	0,6085	4,3037				19,8	0,5409	2,9822	3,5231	0,7178	4,2709	
		20,0	0,1818	3,0947	3,5765	0,5220	4,0985			40,3	19,8	0,4543	3,0102	3,4645	0,6960	4,1575	10 h Urin
		20,0	0,1254	3,2513	3,6767	0,5580	4,2347				19,7	0,5092	2,7606	3,2698	0,9211	4,1912	gelassen
	41,6	20,0	0,5108	3,3665	3,8773	0,5926	4,4699				19,7	0,1837	3,0242	3,5079	0,8996	4,1075	
		20,0	0,5391	3,3087	3,8478	1,1916	5,0394				19,8	0,5411	3,0806	3,5917	0,8766	4,1683	
		20,0	0,5427	3,0806	3,6233	0,7834	4,4067			40,3	19,7	0,4690	3,1656	3,6346	0,7271	4,3617	1h50 Urin
		20,1	0,4860	3,0102	3,4962	0,7834	4,2796				19,6	0,5451	3,0524	3,5675	0,9605	4,5230	gelassen
		20,1	0,4947	3,0806	3,5753	0,8265	4,1018										
		19,9	0,4538	2,9822	3,4360	0,8019	4,2409				19,3	0,5870	3,1941	3,7811	0,8390	4,6201	
		19,8	0,4307	2,9125	3,3432	0,7012	4,0174		1460	40,0	19,2	0,6142	3,1798	3,7940	1,1416	4,9356	
	40,6	19,7	0,4934	2,9962	3,4896	0,7267	4,2163										
		19,7	0,4458	2,9125	3,3583	0,8389	4,1972										
		19,7	0,5170	3,2944	3,8114	0,7634	4,5748										
		19,5	0,5304	3,2083	3,7387	0,6196	4,3583										
		19,4	0,5522	3,1798	3,7320	0,6248	4,3568										
1521	40,3	19,4	0,4915	3,2944	3,7859	0,5707	4,3566										
									Thier bleibt im Calorimeter									
1513	40,6	19,2	0,6309	2,5303	3,1612	0,9017	4,0629										
		19,7	0,4915	2,8156	3,3071	0,6762	3,9833										
					68,1755	13,8997	82,0752							35,5842	8,5442	44,1284	
1538		19,78			3,5882	0,7315	4,3197		1483		19,64			3,5584	0,8544	4,4128	
					2,3330	0,4756	2,8086							2,3995	0,5761	2,9756	

Versuch No. VI.

11. IV. bis 12. IV.   12. IV. bis 13. IV.

Mittl. Gewicht d. Kaninchens	Temperatur des Zimmers	Feuchtigkeitsgehalt der Luft in %	Wärmeabgabe pro Kilo Körpergewicht durch Strahlung und Leitung	durch Wasserverdunstung	in Summa	Bemerkungen	Mittl. Gewicht d. Kaninchens	Temperatur des Kaninchens	Temperatur des Zimmers	Feuchtigkeitsgehalt der Luft in %	Wärmeabgabe pro Kilo Körpergewicht durch Strahlung und Leitung	durch Wasserverdunstung	in Summa	Bemerkungen
	19,8	42	2,0208	0,5112	2,832				19,8	43	2,2973	0,4887	2,786	
	19,9	42	2,3577	0,3883	2,716				19,8	43	2,3501	0,4989	2,849	
	20,0	42	2,2873	0,3337	2,621			40,3	19,8	42	2,3155	0,4655	2,781	Urin gelassen
	20,0	42	2,3355	0,3575	2,713				19,7	42	2,1935	0,6175	2,811	
41,6	20,0	42	2,1887	0,3803	2,869				19,7	41	2,3591	0,6049	2,964	
	20,0	42	2,4747	0,7663	3,241				19,8	41	2,4235	0,5915	3,015	
	20,0	41	2,3343	0,5047	2,839			40,3	19,7	41	2,4591	0,4919	2,951	Urin gelassen
	20,1	41	2,2573	0,5057	2,763				19,6	40	2,4204	0,6516	3,072	
	20,1	40	2,3124	0,5346	2,847									
	19,9	40	2,2261	0,5216	2,718				19,3	40	2,3787	0,5723	3,151	
	19,8	41	2,1707	0,4573	2,628			40,0	19,2	40	2,5952	0,7808	3,376	
1555	19,9	41	2,3258	0,4782	2,804		1483		19,6	41	2,3987	0,5763	2,975	
	19,7	41	2,2718	0,4732	2,745									
40,6	19,7	41	2,1905	0,5472	2,738									
	19,7	41	2,4911	0,4989	2,990									
	19,5	41	2,1483	0,4057	2,854									
	19,4	41	2,4411	0,4099	2,859									
40,3	19,4	41	2,4888	0,3752	2,864									
40,6	19,2	43	2,0923	0,5967	2,689									
	19,7	43	2,1943	0,4487	2,643									
1522	19,3	41	2,3286	0,4694	2,798									

13. IV. bis 14. IV.   14. IV. bis 15. IV.

Stunde	Gewicht des Kaninchens	Temperatur des Kaninchens	Temperatur des Zimmers	Wärmeabgabe durch Strahlung u. Leitung an die Ventil. Luft	an das Calorimeter	gesammt. wärmeabgabe durch Strahlung und Leitung	Wärmeabgabe durch Wasserverdunstung	Gesammt-wärmeabgabe in Calorien	Bemerkungen	Gewicht des Kaninchens	Temperatur des Kaninchens	Temperatur des Zimmers	Wärmeabgabe durch Strahlung u. Leitung an die Ventil. Luft	an das Calorimeter	gesammt. wärmeabgabe durch Strahlung und Leitung	Wärmeabgabe durch Wasserverdunstung	Gesammt-wärmeabgabe in Calorien	Bemerkungen
9¹⁰–10¹⁰	2283	38,6	16,3	0,5388	3,6869	4,2257	0,8249	5,0506	Be-			17,5	0,5350	3,1941	3,7291	0,9249	4,6540	10 h 30 Inject.
10¹⁰–11¹⁰			16,5	0,5494	3,7454	4,2648	0,6905	4,9553	ginn			17,4	0,4865	3,0664	3,5529	0,7021	4,3150	von
11¹⁰–12¹⁰			16,9	0,5400	3,2513	3,7913	0,6006	4,3919	nach			17,4	0,5027	3,1656	3,6683	0,6046	4,2729	2 ccm
12¹⁰–1¹⁰			17,0	0,5355	3,4829	4,0184	0,6552	4,6736	36st.			17,4	0,5089	3,1656	3,6896	0,6629	4,3025	Rothl.-
1¹⁰–2¹⁰			17,1	0,5088	3,7012	4,2100	0,6896	4,8996	Ca-			17,6	0,1740	3,1656	4,7772	0,6839	5,4611	Boull.-
2¹⁰–3¹⁰			17,2	0,5676	3,6152	4,1828	0,6938	4,8766	renz	40,0		17,4	0,5089	4,2683	4,6075	0,6839	5,8479	Cultur
3¹⁰–4¹⁰			17,3	0,5322	3,7026	4,2948	0,7888	5,0836				17,3	0,5744	4,0331	4,9733	0,2404	6,2713	in die
4¹⁰–5¹⁰			17,3	0,5479	3,9634	4,4792	0,8381	5,3173				17,3	0,6327	4,3426	4,6708	0,2962	6,5091	rechte
5¹⁰–6¹⁰			17,3	0,5655	4,0331	4,5986	0,8881	5,4867				17,3	0,7105	3,9603	4,6748	0,9383	5,5321	Ohrv.
6¹⁰–7¹⁰			17,2	0,1489	4,0916	4,5405	0,7055	5,2460				17,3	0,5686	4,1062	5,0241	0,8573	5,8558	3 h 10
7¹⁰–8¹⁰			17,2	0,5827	4,2092	4,7919	0,7606	5,5525		2240	39,1	17,3	0,6218	4,4023	1,1506	0,8317	6,6304	Uriu
8¹⁰–9¹⁰			17,1	0,5588	4,4322	4,9860	0,7641	5,7501				17,7	0,4780	3,6726	1,8455	0,6304	4,7810	gelass.
9¹⁰–10⁴⁰			17,1	0,5325	1,1941	4,7269	0,6263	5,3532				17,8	0,6658	4,1797	4,0832	0,7802	5,0237	
10⁴⁰–11⁴⁰			17,1	0,1982	3,8580	4,3562	0,6263	4,9825				17,9	0,6003	3,4829	3,7591	0,5586	4,6418	
11⁴⁰–12⁴⁰			17,0	0,6111	1,3873	4,9981	0,8588	5,8572				17,9	0,5650	3,1941	3,4042	0,5593	4,3184	
12⁴⁰–1⁴⁰			17,0	0,5588	3,8580	4,4168	0,5915	5,0103			39,4	18,0	0,5513	3,4829	3,4810	0,5390	4,5642	1 h 20
1⁴⁰–2⁴⁰			17,0	0,5053	3,6584	4,1637	0,6879	4,8516				18,1	0,5407	2,9403	3,4523	0,1097	4,5007	Uriu
2⁴⁰–3⁴⁰			17,3	0,5499	3,8878	4,4377	0,8161	5,2538				18,2	0,5259	2,9264	4,6903	1,2292	4,6815	gelass.
3⁴⁰–4⁴⁰			17,1	0,5321	3,7570	4,3191	0,6466	4,9657				18,1	0,0864	4,0039	4,3175	0,8826	5,5729	
4⁴⁰–5⁴⁰			17,0	0,5633	3,9603	4,5236	0,6416	5,1652				18,0	0,6733	3,6142	4,5784	0,8277	5,1452	
5⁴⁰–6⁴⁰			17,0	0,6260	3,9603	4,5863	0,8225	5,4088				17,9	0,7050	3,8734	4,8600	0,8335	5,4119	
6⁴⁰–7⁴⁰			17,0	0,6369	3,9894	4,6263	0,8417	5,4680				17,9	0,6950	4,1650	5,1253	0,8012	5,6612	
7⁴⁰–8⁴⁰			17,1	0,6262	4,0185	4,6447	0,8820	5,1767				17,9	0,6782	4,4471	5,1160	1,0644	6,1897	
8¹⁰–9¹⁰	2271	38,6	17,2	0,5830	3,8158	4,3988	0,7657	5,1645				17,8	0,7183	4,5977		1,2441	6,5001	

	Gewicht					gesammt Str+Leit	Wasserv.	Gesammt		Gewicht					gesammt	Wasserv.	Gesammt	
Summa						106,5825	17,6088	124,1913							100,013	19,7632	119,7762	
Mittel pro Stde.	2327		17,02			4,4409	0,7337	5,1746		2228		17,65			4,3484	0,8592	5,2076	
Mittel pro Kilo u. Stde.						1,9084	0,8153	2,2237							1,9517	0,3856	2,3373	

13. IV. bis 14. IV.   14. IV. bis 15. IV.

Stunde	Mittl. Gewicht d. Kaninchens	Temperatur des Zimmers	Feuchtigkeitsgehalt der Luft in %	Wärmeabgabe pro Kilo Körpergewicht durch Strahlung und Leitung	durch Wasserverdunstung	in Summa	Bemerkungen	Mittl. Gewicht d. Kaninchens	Temperatur des Zimmers	Feuchtigkeitsgehalt der Luft in %	Wärmeabgabe pro Kilo Körpergewicht durch Strahlung und Leitung	durch Wasserverdunstung	in Summa	Bemerkungen
9¹⁰–10¹⁰	38,6	16,3	42	1,7746	0,3464	2,121	Injection		17,5	44	1,6451	0,4079	2,053	Injection
10¹⁰–11¹⁰		16,5	42	1,7964	0,2906	2,087			17,4	44	1,5694	0,3366	1,906	
11¹⁰–12¹⁰		16,9	43	1,6985	0,2533	1,853			17,4	45	1,6218	0,2672	1,889	
12¹⁰–1⁴⁰		17,0	43	1,6985	0,2767	1,975			17,6	45	1,6116	0,2934	1,905	
1¹⁰–2¹⁰		17,1	43	1,7821	0,2919	2,074		40,0	17,4	45	2,1179	0,3031	2,421	Urin gelass.
2¹⁰–3¹⁰		17,2	42	1,7737	0,2943	2,068			17,3	46	2,0437	0,5593	2,594	
3¹⁰–4¹⁰		17,3	42	1,8258	0,3342	2,161			17,3	46	2,2102	0,5758	2,786	
4¹⁰–5¹⁰		17,3	42	1,9071	0,3569	2,264			17,3	46	2,0776	0,4174	2,495	
5¹⁰–6¹⁰		17,3	42	1,9623	0,3577	2,320			17,3	46	2,0822	0,3818	2,464	
6¹⁰–7¹⁰		17,2	42	1,9111	0,3016	2,213		39,1	17,3	46	2,2402	0,3708	2,611	
7¹⁰–8¹⁰		17,2	42	2,0532	0,3258	2,379			17,3	46	2,3366	0,4854	2,822	
8¹⁰–9¹⁰		17,2	42	2,1110	0,3240	2,469			17,7	46	1,8526	0,2814	2,134	
Mittelzahl.	2355	17,03	42	1,8548	0,3132	2,168		2253	17,40	45	1,9155	0,3805	2,296	
9⁴⁰–10⁴⁰		17,1	42	2,0327	0,2693	2,302			17,8	47	2,1671	0,3489	2,516	Urin gelass.
10⁴⁰–11⁴⁰		17,1	42	1,8781	0,2699	2,148			17,9	47	1,8806	0,2504	2,081	
11⁴⁰–12⁴⁰		17,0	42	2,1591	0,3709	2,530			17,9	48	1,6879	0,2511	1,939	
12⁴⁰–1⁴⁰		17,0	42	1,9112	0,2568	2,168		39,4	18,0	48	1,8146	0,2384	2,053	Urin gelass.
1⁴⁰–2⁴⁰		17,0	41	1,8057	0,2983	2,104			18,1	48	1,5685	0,4595	2,028	
2⁴⁰–3⁴⁰		17,1	42	1,9281	0,3546	2,283			18,2	49	1,5588	0,5552	2,114	
3⁴⁰–4⁴⁰		17,1	42	1,8806	0,2814	2,162			18,1	49	2,1227	0,3993	2,522	
4⁴⁰–5⁴⁰		17,0	42	1,9741	0,2799	2,254			18,0	48	1,9568	0,3752	2,332	
5⁴⁰–6⁴⁰		17,0	42	2,0651	0,3596	2,365			17,9	48	2,0803	0,3787	2,459	
6⁴⁰–7⁴⁰		17,1	43	2,0261	0,3686	2,395			17,9	48	2,2133	0,3647	2,578	
7⁴⁰–8⁴⁰		17,1	43	2,0388	0,3652	2,401			17,9	48	2,3366	0,4854	2,822	
8¹⁰–9¹⁰	38,6	17,2	41	1,9352	0,3368	2,272			17,8	48	2,0084	0,5686	2,577	
Mittelzahl.	2299	17,06	42	1,9614	0,3176	2,282		2212	17,95	48	1,9457	0,3896	2,335	

Versuch No. VII.

15. IV. bis 16. IV. | 16. IV. bis 17. IV.

Kaninchens	Temperatur des Kaninchens	Temperatur des Zimmers	Wärmeabgabe durch Strahlung u. Leitung an die Ventil. Luft	an das Calorimeter	Gesammt-wärmeabgabe durch Strahlung und Leitung	Wärmeabgabe durch Wasserverdunstung	Gesammt-wärmeabgabe in Calorien	Bemerkungen	Gewicht des Kaninchens	Temperatur des Kaninchens	Temperatur des Zimmers	an die Ventil. Luft	an das Calorimeter	Gesammt-wärmeabgabe durch Strahlung und Leitung	Wärmeabgabe durch Wasserverdunstung	Gesammt-wärmeabgabe in Calorien	Bemerkungen
82	10,7	18,0	0,6859	4,6887	5,2746	0,9698	6,2444	10 h 40			16,9	0,4307 3,4683	3,8990	0,6820	4,5810		
		18,7	0,6048	5,3544	5,9562	1,7044	7,6606	Injection			16,8	0,5698 3,7870	4,3268	0,6812	5,0080		
		18,7	0,7246	4,4771	5,2017	1,1506	6,3523	von 2 cem								12 h Urin gelassen
		18,4	0,6723	3,8734	4,5457	0,9199	5,4956	Rothlauf-			16,8	0,4419 4,1356	4,6175	0,7625	5,2810		
		18,4	0,5011	3,6869	1,2880	1,0611	5,3494	Bouillon-			16,6	0,5472 4,3129	4,8601	0,7160	5,5661		
	18,2	0,6070	3,9994	4,5964	1,1343	5,7307	Cultur sub-			16,6	0,5354 4,3129	4,8480	0,7006	5,5486		
	11,2	17,9	0,5356	3,5415	4,0771	0,8566	4,9337	cutan	40,3		16,6	0,5576 4,3426	4,9002	0,7444	5,6446		4 h 40
		17,9	0,6896	4,4503	4,8398	0,8756	5,7154	3 h 50 Urin			16,7	0,4046 4,6059	4,4085	0,6040	5,0125		Urin ge-
47	41,1	17,9	0,6971	4,8722	5,5693	0,9259	6,4952	gelassen			16,7	0,4172 4,3426	4,7598	0,6665	5,4253		lassen
		18,0	0,6302	4,0039	4,6341	0,7054	5,3395	7 h Urin			16,6	0,3708 1,1023	1,7731	0,5938	5,3669		
		18,0	0,6479	4,2387	4,8866	0,9508	5,8374	gelassen			16,6	0,5705 4,6795	5,2410	0,6760	5,9200		
		18,1	0,6397	4,3873	5,0270	0,8500	5,8770				16,6	0,5845 4,4621	5,0466	0,6790	5,7265		
		18,0	0,5990	3,8878	4,4868	0,9480	5,4348	9 h 50 Urin	2051	39,6	16,5	0,5983 4,3575	4,9558	0,7374	5,6931		
		17,9	0,6632	4,5072	5,1604	1,0335	6,1939	gelassen								
	11,2	18,0	0,5027	4,5222	5,0249	0,9761	6,0010								
		17,9	0,7333	4,2980	5,0313	0,9790	6,0103								
	41,0	17,9	0,6591	4,6588	5,3171	0,6870	6,0014	2 h 20 Urin								
								gelassen								
		17,9	0,7148	4,3426	5,0574	0,8032	5,8606								
		17,8	0,6670	3,9458	1,6128	0,6908	5,3036								
03	11,1	17,8	0,6790	4,2535	4,9325	0,8590	5,7915	6 h 10 Urin								
		17,7	0,6672	4,2387	1,9059	0,9032	5,8091	gelassen								
		17,7	0,4650	4,7059	4,3669	0,8726	6,2395								
	40,7	17,2	0,6143	4,4471	5,0614	0,7770	5,8384	Inject. von								
								35cem Roth-								
			113,9542	21,6611	135,6185			lauf-Bouill.-					56,6894	8,2762	64,9146		
39		18,0	4,9545	0,9419	5,8964			Cult. subc.	2072		16,66		4,7199	0,6896	5,4095		
			2,3121	0,4403	2,7524								2,2779	0,3328	2,6107		

Versuch No. VII.

15. IV. bis 16. IV. | 16. IV. bis 17. IV.

d. Kaninchens	Temperatur des Kaninchens	Temperatur des Zimmers	Feuchtigkeits-gehalt der Luft in %	durch Strahlung und Leitung	durch Wasser-ver-dunstung	in Summa	Bemerkungen	Mittl. Gewicht d. Kaninchens	Temperatur des Kaninchens	Temperatur des Zimmers	Feuchtigkeits-gehalt der Luft in %	durch Strahlung und Leitung	durch Wasser-ver-dunstung	in Summa	Bemerkungen
	10,7	18,0	48	2,4640	0,4440	2,905	Injection			16,9	46	1,8697	0,3263	2,192	
		18,7	48	2,7322	0,7818	3,514				16,8	45	2,0736	0,3264	2,400	
		18,7	47	2,3920	0,5290	2,921									Urin gelassen
		18,4	46	2,0953	0,4377	2,533				16,8	44	2,2191	0,3669	2,586	
		18,4	47	1,9800	0,4900	2,470				16,6	43	2,3391	0,3589	2,698	
	18,2	46	2,1271	0,5249	2,652				16,6	43	2,3564	0,3576	2,674	
	11,2	17,9	45	1,8897	0,3973	2,287	Urin gelassen	40,3		16,6	43	2,3657	0,3093	2,725	Urin gelassen
		17,9	46	2,2192	0,4068	2,656				16,7	44	2,1315	0,2925	2,424	
	11,1	17,9	46	2,5938	0,4312	3,025				16,7	44	2,3605	0,3222	2,628	
		18,0	46	2,1619	0,3291	2,491	Urin gelassen			16,6	45	2,3154	0,2879	2,603	
		18,0	47	2,2838	0,4442	2,728				16,6	45	2,5467	0,3283	2,875	
		18,1	47	2,3554	0,3979	2,751				16,6	44	2,4513	0,3307	2,785	
60		18,2	47	2,2762	0,4678	2,744		2071		16,6	44	2,3084	0,3306	2,639	
		18,0	47	2,1044	0,4446	2,549	Urin gelassen		39,6	16,5	44	2,1139	0,3591	2,773	
		18,1	47	2,1249	0,4841	2,909	Urin gelassen								
	41,2	18,0	48	2,3617	0,4593	2,824	Urin gelassen								
		17,9	48	2,3715	0,4615	2,833									
	41,0	17,9	48	2,5107	0,3243	2,835	Urin gelassen								
		17,9	48	2,3964	0,3806	2,777									
		17,8	48	2,1897	0,3273	2,517									
	41,1	17,8	48	2,3455	0,4085	2,754	Urin gelassen								
	41,1	17,7	48	2,3359	0,4301	2,766									
		17,7	48	2,5589	0,4161	2,975									
		17,2	47	2,4178	0,3712	2,789	Injection								

erwiesen, als von May[1]) umfangreiche Stoffwechselversuche am
normalen und fiebernden Kaninchen veröffentlicht wurden, die
geeignet sind, zum Vergleich mit meinen Versuchen herangezogen
zu werden. Es kommt hinzu, dass von May und mir als fieber-
erzeugendes Mittel Rothlaufbouilloncultur gewählt wurde, und dass
wir beide im Anschluss an die Mittheilungen von Emmerich und
Mastbaum[2]) sehr befriedigende Resultate nach manchen vergeb-
lichen Versuchen mit anderen Mitteln erzielten. Ich wandte eine
abgeschwächte Rothlauf-Bouilloncultur, von der ich in die Ohrvene,
in die Vena jugul. oder unter die Haut injicirte. Die Wirkungsweise
ist aus den vorstehenden Tabellen II—VII zu ersehen.

Die Temperaturmessungen der Kaninchen wurden mit einem
stumpfwinkelig gebogenen Thermometer ausgeführt, und dabei alle
Cautelen beobachtet, die in letzter Zeit genügend besprochen worden
sind. Das Thermometer wurde stets 7 cm in den After eingeführt.
Die Injectionsstelle wurde mit 96 % Alkohol desinficirt, um den
Feuchtigkeitsgehalt der Haut nicht durch andere Desinfectionsmittel
zu verändern. Die Kaninchen sassen während der vorbereitenden
Hungerzeit auf einem Drahtnetz und wurden einem gleichmässigen
Luftstrom, wie im Calorimeter ausgesetzt.

Vor jeder Wägung der Kaninchen wurde der Urin abgepresst.
Die Wägungen der Thiere und die Messungen ihrer Körpertemperatur wurden möglichst selten vorgenommen, um die Beobachtung möglichst gleichmässig zu gestalten. Spontane Urin-
entleerungen in das Calorimeter kamen nur während der Fieberzeit vor; dieselben zeigten sich direct durch das Ansteigen des betreffenden Hygrometers an. Mit der sofortigen sorgfältigen Reinig-
ung des Calorimeters wurde alsdann auch meistens eine Temperatur-
messung, häufig auch eine Wägung vorgenommen. Es wurden
zunächst 7 Kaninchen, die 24 bis 36 Stunden gehungert hatten[3]),

1) May, Der Stoffwechsel im Fieber. Habilitationsschrift München 1893
und Zeitschr. f. Biol. Bd. 30 S. 1.
2) Emmerich u. Mastbaum, Die Ursache der Immunität, der Heilung
von Infectionskrankheiten, speciell des Rothlaufs der Schweine, und ein neues
Schutzimpfungsverfahren gegen die Krankheit. Arch. f. Hygiene Bd. 12 S. 572.
3) Nur in Versuch IV blieb das Thier während der Nacht fünf Stunden
lang unbeobachtet, ohne jedoch aus dem Calorimeter herausgenommen zu werden.

24 Stunden hindurch im fieberfreien Zustand beobachtet. Nach dieser Beobachtungszeit (Normalversuch) wurde bei 6 von diesen Kaninchen durch Injection von Rothlauf-Bouilloncultur Fieber erzeugt und die Beobachtung möglichst vollständig fortgesetzt. So liegt ein ausführliches Material vor, um einen Vergleich der Wärmeabgabe bei demselben Thiere an den Normaltagen und Fiebertagen anzustellen. Alle Einzelheiten der Versuche sind in den Tabellen Ia bis VIIa eingetragen.

Die Tabellen Ib—VIIb enthalten sämmtliche Werthe auf 1 kg Thier berechnet; diese letzteren Tabellen sind natürlich wegen der grossen Gewichtsabnahme, welche die Thiere während der Carenz erleiden, von grösster Bedeutung. Zur Berechnung dieser Werthe wurde das Gewicht herangezogen, wie es durch Interpolation für die Mitte jeder einzelnen Stunde gefunden wurde. Die Versuche I—IV wurden in dem hygienischen Institut, die Versuche V—VII in der medizinischen Klinik ausgeführt, nachdem ich mich durch zahlreiche Vorversuche mit der Methode vertraut gemacht hatte. Schon die Resultate dieser Vorversuche liessen mich ausnahmslos in den ersten Stunden gewisse Eigenthümlichkeiten zwischen der Wärmeabgabe durch Leitung und Strahlung und der Wärmeabgabe durch Wasserverdunstung erkennen, so dass ich von der Zweckmässigkeit der Versuche überzeugt sein konnte.

Die Calorimeter wurden mir von den Herren Directoren der med. Poliklinik, Prof. Rumpf und Prof. Müller, zur Verfügung gestellt. Die Gasuhr und die Hygrometer wurden mir zum Gebrauch in der Klinik von Herrn Professor Fränkel überlassen. Herrn Prof. Rubner bin ich für die freundliche Unterstützung bei meiner Arbeit zum grössten Dank verpflichtet.

I. Beobachtungen am hungernden nicht fiebernden Kaninchen.

1. Die Gesammtwärmeabgabe in 24 Stunden.

a) Einfluss der Luftgeschwindigkeit.

In der Tabelle VIII sind die gesammten Wärmemengen, welche von 7 Kaninchen im Verlauf des zweiten bis dritten Hungertages während 24 Stunden abgegeben wurden, zusammengestellt. Es darf nach den Versuchen von Rubner[1] als feststehend betrachtet werden,

---

[1] Rubner, a. a. O. (S. 3, 1 a u. 1 b.)

dass innerhalb dieses Zeitraums Wärmeproduction und Wärmeabgabe als gleichwerthig anzusehen sind.

Tabelle VIII.

No. des Versuchs	Datum	Mittl. Gewicht	Wärmeabgabe in Calorien				Mittlere Temperatur des Zimmers	Mittlere Ventilation pro Stunde in l
			in Summa	pro Kilo	pro Kilo und Stunde	pro Quadratmeter Oberfl.		
II	21. VIII.	1787	159,74	89,39	3,7247	842,36	17,27	930
III	25. VIII.	1932	166,13	85,99	3,5809	831,5	17,57	953
I	10. VIII.	2151	156,04	72,54	3,0228	727,04	17,63	1182
IV	28. VIII.	1703	108,79	63,88	2,6517	592,29	19,09	935
VI	9. IV.	1673	104,68	62,57	2,6073	576,7	19,25	537
V	5. IV.	2189	117,39	53,63	2,2203	540,5	20,4	534
VII	13. IV.	2327	124,19	53,37	2,2237	549,09	17,05	595
II			168,92	94,52	3,9388	890,6		
III			176,92	91,57	3,8136	885,5		
I			166,18	77,25	3,2193	774,28	berechnet auf 15° Umgebungstemperatur	
IV			119,94	70,42	2,9234	652,98		
VI			115,93	69,29	2,8875	638,66		
V			133,23	60,86	2,520	613,55		
VII			130,70	56,16	2,354	577,87		

Bei Betrachtung der Tabelle fällt es auf, dass in den Versuchen I, II, III die Wärmeabgabe eine beträchtlich grössere ist, als in den Versuchen IV—VII. Eine Erklärung für diese bemerkenswerthen Differenzen lässt sich weder durch das verschiedene Gewicht geben, noch durch die verschiedenen Aussentemperaturen, bei welchen die Versuche angestellt wurden.

Da meine Versuche zu verschiedenen Jahreszeiten angestellt wurden, wäre an eine gewisse Beeinflussung der Wärmeabgabe durch den verschiedenen Grad der Behaarung der Thiere wohl zu denken. Dieselbe scheint aber nach den Angaben Rubner's[1] nicht von so ausschlaggebender Bedeutung zu sein, dass wir sie als ausreichende Erklärung für unsere Versuche heranziehen könnten. Ebensowenig ist nach dieser Richtung hin die Angabe Finkler's[2] verwerthbar, welche besagt, dass im Winter der Stoffwechsel eine specifische

---

1) Rubner, Beiträge zur Lehre vom Kraftwechsel. Sitzungsber. der k. bayer. Akad. d. Wiss. 1885 H. 4 S. 461.

2) Finkler, Ueber das Fieber. Separatabdruck aus Pflüger's Archiv Bd. 29 S. 198.

Steigerung erfahre und zwar im Verhältniss wie 100 zu 119,9; denn ich fand gerade bei den von mir im Hochsommer angestellten Versuchen die Steigerung der Wärmeabgabe.

Dagegen scheint es mir von grosser Bedeutung zu sein, dass gerade in den Versuchen, bei welchen eine stärkere Ventilation des Versuchsraumes stattfand, auch eine bei weitem grössere Wärmeabgabe nachzuweisen war. Eine Ausnahme machte nur Versuch IV, auf den ich später zurückkomme.

Ueber eine Beeinflussung der Wärmeabgabe resp. Wärmeproduction durch die Luftgeschwindigkeit konnten nähere Angaben in der Literatur nicht gefunden werden. Es lag nicht in dem Rahmen meiner Arbeit, diese Verhältnisse eingehender zu studiren, jedoch sollen hier die gemachten Beobachtungen kurz angeführt werden. Aus meinen 7 Versuchen habe ich berechnet, wieviel Procent der durch Leitung und Strahlung abgegebenen Wärme mit der Ventilationsluft fortgeführt werden, und die Resultate in Tabelle IX zusammengestellt.

Tabelle IX.

No. des Versuches	Mittleres Gewicht	Mittlere Ventilation pro Stunde in l	24stündige durch Leitung u. Strahlung abgegebene Wärmemenge	An die Ventilationsluft durch Leitung u. Strahlung abgegebene Wärmemenge in Calorien	in %
II	1787	930	134,67	23,750	17,6
III	1932	953	137,19	21,143	16,8
I	2151	1182	132,91	29,343	22,07
IV	1703	935	91,13	17,647	22,1
VI	1673	537	87,113	9,997	11,4
V	2189	534	97,25	9,28	10,3
VII	2327	595	106,58	13,294	12,4

Durch diese Zahlen wird zunächst ein Beleg dafür erbracht, dass um so mehr Wärme mit der Ventilationsluft fortgeführt wird, je stärker das Calorimeter ventilirt wird.

Auffallend gross ist der Procentsatz der an die Ventilationsluft abgegebenen Wärmemenge in Versuch IV. Es dieses Resultat darauf zurückzuführen, dass in Versuch IV die gesammte Wärmeabgabe trotz der stärkeren Ventilation eine im Vergleich mit Versuch I—III verhältnissmässig geringe ist.

Wir dürfen annehmen, dass in diesem Versuche (IV) die Ventilationsgrösse während der ersten 24 Stunden ohne wesentlichen Einfluss auf die Wärmeabgabe gewesen ist, dass sich das Thier also gegen eine Steigerung der Wärmeabgabe wohl noch auf physikalischem Wege zu schützen vermochte.

Die Individualität des Thieres spielt hierbei sicher eine grosse Rolle; es sei aber ausserdem noch darauf aufmerksam gemacht, dass Versuch IV bei einer etwa 1,05° wärmeren Temperatur ausgeführt wurde, als Versuch I—III.

Nehmen wir aus den Resultaten der Versuche I—III und V—VII das Mittel, so erhalten wir die folgenden Zahlen:

Tabelle X.

Versuch	Gewicht der Thiere	Temperatur des Zimmers	Grösse der Ventilation in 1 pro Stunde	Gesammt-Calorien-Abgabe
I—III	1957	17,49	1023	160.62
V—VII	2063	18,9	555	115,42

Wird alsdann der Einfluss, welchen die verschiedene Temperatur auf die Wärmeabgabe ausübt, dadurch ausgeglichen, dass wir nach den Angaben von Rubner für einen Grad Temperaturdifferenz 2,5 % der Wärmeabgabe in Rechnung setzen, so verhält sich die Wärmeabgabe bei schwacher und starker Ventilation wie 100 zu 134,4.

Sollte diese Differenz thatsächlich, worauf meine Versuche hinweisen, im Wesentlichen durch die grössere Ventilation herbeigeführt sein, so werden wir in der Bewegung der Luft einen Factor zu erblicken haben, der in ungeahnter Grösse den Wärmehaushalt des Thieres beeinflusst; denn die Geschwindigkeit der Luft in einem Cylinder von 63 cm Länge und 24 cm Durchmesser, wie ihn das von mir benutzte Calorimeter darstellt, ist bei einer stündlichen Lüftung von 555—1023 l Luft eine äusserst geringe und für unsere Empfindungsapparate nicht einmal wahrnehmbar. Letzter Umstand verdient besonders hervorgehoben zu werden, um sich eine Vorstellung von der Schärfe zu machen, mit welcher die der Wärmeregulirung vorstehenden Apparate arbeiten. Man wird sich aber auch zugleich, wenn man diese Reaction auf einen verhältnissmässig

geringen Reiz richtig beurtheilen will, gegenwärtig halten müssen,
dass das Kaninchen der umgebenden Luft eine grosse Oberfläche
im Vergleich zur Körpermasse darbietet.

Für das Bestehen einer chemischen Wärmeregulation ist durch
Colosanti, Finkler, Pflüger, Voit und Rubner der unbe-
dingte Beweis erbracht.

Als Ausdruck der chemischen Wärmeregulation ist eine reflec-
torische Verminderung resp. Zunahme des Stoffumsatzes anzusehen,
welcher auf eine Steigerung oder einen Abfall der umgebenden
Lufttemperatur allerdings nur innerhalb gewisser Grenzen erfolgt.
Der chemischen Wärmeregulation hat Rubner[1]) die physikalische
gegenüber gestellt, welche dazu dient, bei sinkender Lufttemperatur
den Wärmeabfluss zu hemmen, bei steigender Lufttemperatur der
Wärme einen besseren Abfluss zu verschaffen. In gleicher Weise
tritt nach der Nahrungsaufnahme und bei Arbeitsleistung die physikalische Regulation in Thätigkeit, um einer Ueberhitzung des Körpers vorzubeugen. Als solche physikalisch regulirenden Mittel sind
zu nennen: die Wärmeabgabe durch Wasserverdunstung (Schweiss-
drüsen, Athmung), die Veränderlichkeit der Blutfülle in der be-
deckenden Haut, die Veränderlichkeit der wärmeabgebenden Oberfläche durch Haltung und Lage.

Die Steigerung der Wärmeabgabe, welche infolge
verstärkter Ventilation des Calorimeters eintritt, haben
wir als den Ausdruck einer chemischen Regulation aufzufassen. Eine unverhältnissmässige Vermehrung der Wärmeabgabe durch Wasserverdunstung liegt, wie wir weiter unten zeigen
werden, nicht vor.

Wenn sich auch nach meinen Versuchen ein durchaus sicheres
Urtheil über den Einfluss der Ventilationsgrösse resp. der Luftgeschwindigkeit auf die Wärmeabgabe noch nicht fällen lässt, so
weisen dieselben doch darauf hin, dass bei allen vergleichenden
Versuchen, mag es sich nun um 24stündliche oder um kurzdauernde
Perioden handeln, die Ventilationsgrösse einer genaueren Berücksichtigung bedarf, als ihr bisher zu Theil wurde. Angaben über

1) Rubner, Biolog. Gesetze, Marburg 1887; vergl. ausserdem Rubner:
Ueber den Werth und die Beurtheilung einer rationellen Bekleidung. Deutsche
Vierteljahrsschrift f. öffentl. Gesundheitspflege Bd. 25 S. 471.

die Menge der ventilirten Luft müssen offenbar genaueren Angaben
über die Geschwindigkeit der Ventilationsluft weichen. Es ist selbst-
verständlich, dass der Einfluss der Luftgeschwindigkeit bei allen
Stoffwechselversuchen gleich bedeutungsvoll ist.

b) Einfluss der Körper-Grösse und -Oberfläche auf die Wärmeabgabe.

Bei den folgenden Ueberlegungen, welche sich auf einen Vergleich der bei den verschiedenen Thieren gewonnenen Resultate
stützen, werden wir die Versuche I—III und IV—VII infolge des
durch die verschieden grosse Ventilation bedingten Unterschiedes in
der Versuchsanordnung gesondert betrachten.

Rubner [1] hat durch zahlreiche Versuche, welche er an
Hunden von verschiedener Grösse anstellte, den Beweis geliefert,
dass mit dem Sinken des Körpergewichts ein allmähliches Ansteigen
der Intensität der Verbrennung verbunden ist. Er führte sodann
den Nachweis, dass als Ursache für den relativ höheren Gesammt-
stoffwechsel kleinerer Thiere die relativ grössere Oberfläche derselben anzusehen sei, nachdem bereits früher von Bergmann [2]
auf dieses Abhängigkeitsverhältniss hingewiesen war.

Rubner stellte eine Formel [3] für die Oberflächen-Berechnung
aus dem Gewichte des Thieres und einer gewissen Constanten auf,
diese Constante wurde durch directe Messung der Oberfläche für
eine jede Thierart bestimmt.

Es ergab sich alsdann durch die Vertheilung der abgegebenen
Wärmemengen auf die so berechnete Oberfläche, dass von sieben
Hunden, deren Gewicht zwischen 3 und 31 kg schwankte, pro
Quadratmeter Oberfläche annäbernd die gleiche Wärmemenge ab-
gegeben wurde. Für jede Thierart stellte die Wärmeabgabe pro
Quadratmeter Oberfläche eine besondere Grösse dar.

Auch aus meinen Versuchen IV—VII (Tab. VIII) ergibt sich,
dass im Allgemeinen die Gesammtwärmeabgabe in 24 Stunden mit

---

[1] Rubner, Einfluss der Körpergrösse auf den Stoff- und Kraftwechsel. Zeitschr. f. Biol. Bd. 19 S. 535 N. F. 1.

[2] Cit. nach Rubner, a. a. O. (1.)

[3] Die Formel lautet $O = K \sqrt[3]{a^2}$

$O = $ Oberfläche, $a = $ Gewicht, $K = $ Constante, beim Kaninchen Constante 12,88.

zunehmendem Körpergewicht des Thieres steigt, die Wärmeabgabe
pro Kilo Thier dagegen abnimmt; diese Thatsache, welche Rubner
am Hunde durch indirecte Calorimetrie festgestellt hat, erhält
durch meine auf dem Wege der directen Calorimetrie gewonnenen
Resultate für das Kaninchen eine Bestätigung. Bei Berechnung
der Wärmeabgabe pro Quadratmeter Oberfläche tritt in den Versuchen IV bis VII eine ähnliche, auffallende Gleichmässigkeit hervor,
wie sie Rubner für die Wärmeabgabe beim Hunde fand. Eine
gewisse Abhängigkeit von der Grösse scheint sich jedoch besonders bei Berücksichtigung der auf 15 ° reducirten Werthe auch
hier geltend zu machen.

Ich sehe mich genöthigt, auf dieses Verhalten an dieser Stelle
nochmals einzugehen, da die Abhängigkeit der Wärmeabgabe von
der Körpergrösse für die Beurtheilung meiner Versuche von der
allergrössten Bedeutung ist. Wie schon oben bemerkt, wurden
meine Versuche, die sich zum Theil über zwei bis vier Tage er-
streckten, an hungernden Kaninchen angestellt. Wie aus den
Tabellen II bis VII zu ersehen ist, nahmen die Kaninchen im
Verlaufe von drei Tagen um $\frac{1}{8}$ bis $\frac{1}{6}$ ihres Gewichts ab. Nach
dem Gesagten steht zu erwarten, dass diese Gewichtsabnahme von
grossem Einfluss auf die Wärmeabgabe sein muss. Man wird daher
bei einem Vergleich der Wärmeabgabe an den einzelnen Tagen
bestrebt sein müssen, diesen Einfluss in Rechnung zu setzen. Wie
es nun feststeht, dass die Gewichtsabnahme bei den einzelnen Indi-
viduen während des Hungers keineswegs nach einer einheitlichen
Formel verläuft, so werden wir auch nicht erwarten können, eine
solche für die Wärmeabgabe aufstellen zu können. Es wäre daher
müssig gewesen, Versuche nach dieser Richtung hin mit den uns
zur Verfügung stehenden Apparaten an den einzelnen Kaninchen
anzustellen. Ich habe jedoch aus der Literatur einige Versuche
von Rubner[1] und May[2] in der Tabelle XI zusammengestellt,
wodurch der Verlauf der Wärmeabgabe an mehreren auf einander
folgenden Tagen während des Hungers demonstrirt wird.

1) Rubner, a. a. O. (S. 28, 1) S. 540.
2) May, a. a. O. S. 35.

Die Versuche von Rubner wurden am Hunde ausgeführt, die von May am Kaninchen. Nur in Versuch IV wurde von Rubner die directe Calorimetrie angewandt, sonst sind die Resultate durch indirecte Calorimetrie gewonnen.

Tabelle XI.

Autor	No. des Versuches	Carenztag	Gewicht des Thieres	Gesammt-wärmeabgabe in Calorien	Wärmeabgabe	
					pro Kilo	pro Quadrat-meter Oberfl.
Rubner[1])	I	1	6150	388,80	63,22	1037,9
		2	5980	339,24	56,73	922,68
„	II	1	6660	399,20	59,94	1010,5
		2	6500	362,25	55,73	931,96
		3	6360	345,92	54,39	902,98
„	III	1	11110	704,59	63,42	1268,0
		2	10870	663,50	61,04	1211,6
„	IV	1	4567	274,7	73,98	894,24
		2	4480	260,1	72,577	857,63
		3	4393	236,4	71,166	789,73
May[2])	V	3	3345	210,1	62,8	729,3
		4	3230	202,31	62,6	718,84
„	VI	3	2838	148,85	52,4	576,5
		4	2737	150,5	54,9	597,19

Aus den Resultaten ist zu ersehen, dass im Hunger mit sinkendem Körpergewicht beim Hunde sowohl die Gesammtwärmeabgabe, als auch die Wärmeabgabe pro Kilo Körpergewicht abnimmt.

Ich habe in diesen Versuchen auch die Wärmeabgabe pro Quadratmeter Oberfläche berechnet. Diese Grösse nimmt ebenfalls von Tag zu Tag während des Hungers ab. Es besteht also insofern auch eine gewisse Abhängigkeit der Wärmeabgabe pro Quadratmeter Oberfläche von dem Körpergewichte.

Leider sind die Versuche, welche zum Vergleich über die tägliche Wärmeabgabe der Kaninchen vorliegen, sehr spärliche. Wenn in dem einen nach May citirten Versuch Nr. VI, ebenso wie auch in einigen von Rubner angestellten Versuchen, die hier nicht angeführt wurden, die Wärmeabgabe an einem folgenden Hungertage

1) Die Werthe in Versuch I—III sind auf 15° Umgebungstemperatur umgerechnet. Versuch IV wurde bei 20° 2 angestellt.
2) Vergl. Tab. XVIII II u. G.

grösser ist, als an einem vorhergehenden, so ist dieser Umstand möglicherweise auf unruhiges Verhalten des Thieres zurückzuführen. Wir wären damit auf eine eventuelle und wohl zu berücksichtigende Fehlerquelle, auch für vergleichende Versuche, die an ein und demselben Thiere angestellt werden, aufmerksam gemacht. In dem anderen aus der Arbeit von May mitgetheilten Versuch (Tab. XI Vers. V) ist die Gesammtwärmeabgabe am dritten Hungertage zwar grösser als am vierten, jedoch ist der Unterschied ein geringer. Ob sich das Kaninchen infolge seiner relativ grösseren Oberfläche nach einer längeren Hungerzeit anders verhält, als der Hund, ist auf Grund dieses einen Versuches nicht zu entscheiden.

Bei der Beurtheilung von Versuchen, die sich auf den Vergleich der Wärmeabgabe an mehreren aufeinander folgenden Hungertagen stützen, müssen wir also unter Umständen grosse Vorsicht walten lassen, da sich das Urtheil manchmal nur auf Schätzung stützen kann. Es sei hier gleich bemerkt, dass nur in einem unserer Versuche (VI) bei der Beurtheilung des Resultates Zweifel entstehen können.

c) Wärmeabgabe durch Leitung und Strahlung im Verhältniss zur Wärmeabgabe durch Wasserverdunstung.

Rubner[1]) hat erst kürzlich sehr umfangreiche Versuche mitgetheilt, in denen er die Wärmeabgabe durch Leitung und Strahlung und durch Wasserverdunstung unter sehr wechselnden Bedingungen studirte. Er zeigte unter anderem, dass ein Abhängigkeitsverhältniss besteht zwischen der Wärmeabgabe durch Wasserverdunstung einerseits und der Feuchtigkeit und Temperatur der umgebenden Luft andererseits, und zwar in dem Sinne, dass die Wärmeabgabe durch Wasserverdunstung sich bei steigender Feuchtigkeit der umgebenden Luft verringert, bei steigender Temperatur aber zunimmt. Auf die Gesammtwärmeabgabe üben Aenderungen in der Luftfeuchtigkeit zwar einen nachweislichen, aber keinen nennenswerthen

---

1) Rubner, Archiv f. Hygiene Bd. 11 S. 137—292. Die Beziehung der atmosphärischen Feuchtigkeit zur Wasserdampfabgabe. Stoffzersetzung und Schwankungen d. Luftfeuchtigkeit. Thermische Wirkungen d. Luftfeuchtigkeit.

Einfluss[1]) aus. Sodann fand Rubner, dass kleine und grosse Thiere,
sowie auch der Mensch bei mittlerer Temperatur und Feuchtigkeit
der umgebenden Luft einen annähernd gleich grossen Procentsatz
ihres Körpergewichts als Wasser resp. als Wärme durch Wasserverdunstung abgeben. Gesteigert wird dieser Procentsatz durch
Nahrungszufuhr und Arbeit. Diejenigen Resultate, welche in meinen
Versuchen Aufschluss über die Wärmeabgabe durch Wasserverdunstung geben, habe ich in der Tabelle XII zusammengestellt.

Tabelle XII.

No. des Versuchs	Mittleres Gewicht des Kaninchens in g	in Summa während 24 Stdn.	Wärmeabgabe durch Wasserverdunstung			Feuchtig-keitsgehalt d. Luft in %	Mittlere Temperatur des Zimmers
			pro Kilo u. Stunde	in % bezogen auf das Gew. des Kaninch.	in % bezogen auf die Ge-sammtwärme-abgabe		
II	1787	25,07	0,585	1,403	15,69	71	17,27
III	1932	28,84	0,622	1,492	17,36	67	17,57
I	2151	23,13	0,448	1,075	14,73	71	17,63
IV	1703	17,65	0,432	1,036	16,23	60	19,09
VI	1673	17,57	0,438	1,050	16,78	41	19,25
V	2189	20,13	0,383	0,919	17,15	45	20,4
VII	2327	17,60	0,315	0,756	14,18	42	17,05

In Versuch II und III hat eine beträchtliche Vermehrung der
Wärmeabgabe durch Wasserverdunstung stattgefunden. Dementsprechend ist auch die Wärmeabgabe pro Kilo und Stunde und
100 g Körpergewicht gesteigert. Die Vermehrung der Wasserabgabe hat aber in diesen Versuchen in annähernd gleichem Grade
stattgefunden, als die Gesammtwärmeabgabe unter dem Einfluss der
stärkeren Ventilation zunahm. Ich bin daher geneigt, d i e s e
S t e i g e r u n g der W a s s e r v e r d u n s t u n g auch als e i n e Folge-
e r s c h e i n u n g der stärkeren Ventilation des Calori-
m e t e r s aufzufassen.

In Versuch I und in den Versuchen IV bis VII zeigte die
Wärmeabgabe durch Wasserverdunstung pro Kilo und Stunde und
100 g Körpergewicht nur geringe Unterschiede. Die Zahlen können
wohl dazu dienen, für das Kaninchen die von Rubner am Menschen,

1) Bei zunehmender relativer Feuchtigkeit tritt eine geringfügige Verminderung der Wärmebildung, bei Abnahme eine entsprechende Vermehrung ein.

Hunde und Meerschweinchen gemachten Beobachtungen zu bestätigen. Eine gewisse Abhängigkeit der Wärmeabgabe durch Wasserverdunstung vom Körpergewicht fällt in den Versuchen IV bis VII auf und zwar insofern, als die grossen Thiere weniger Wärme pro Kilo und Stunde auf dem Wege der Wasserverdunstung abgeben als die kleineren. Es liegt mir indessen fern, auf Grund dieser Versuche diesen Befund zu verallgemeinern, da, wie weiter unten gezeigt werden wird, gerade die Wasserverdunstung durch Unruhe des Thieres leicht beeinflusst werden kann.

Bei einer Berechnung des Antheils der Wärmeabgabe durch Wasserverdunstung an der Gesammtwärmeabgabe ergiebt sich in allen sieben Versuchen eine grosse Uebereinstimmung. Die Wärmeabgabe durch Wasserverdunstung schwankt zwischen 14 und 17 % und beträgt im Mittel
16 %.

Der Einfluss des Feuchtigkeitsgrades der Luft und der umgebenden Temperatur auf die Wärmeabgabe tritt unter den von mir gewählten Versuchsbedingungen nicht deutlich in die Erscheinung.

2. Wärmeabgabe am Tage und während der Nacht.

Pettenkofer und Voit[1]) fanden bei ihren umfangreichen Stoffwechselversuchen am Menschen, dass während des Schlafes und in der Nacht weniger Kohlensäure ausgeschieden wurde, als am Tage. Voit[2]) erklärte diesen Umstand mit folgenden Worten: „Es kann keinem Zweifel unterliegen, dass die Ursache davon vor Allem in der während des Schlafes stattfindenden Muskelruhe, aber auch in dem Wegfall vieler Anregungen und Thätigkeiten des Nervensystemes zu suchen ist."

Nach Feder[3]), der die Stickstoffausscheidungen beim hungernden Hunde in zweistündlichen Perioden während 24 Stunden verfolgte, verlief die Eiweisszersetzung am Tage und während der Nacht sehr gleichmässig.

---

1) Pettenkofer u. Voit, Zeitschr. f. Biol. 1866. Bd. 2 S. 545.
2) Voit, Physiologie des allgemeinen Stoffwechsels in Herrmann's Handbuch der Physiologie S. 204.
3) Feder, Der zeitliche Ablauf der Zersetzung im Thierkörper. Zeitschrift f. Biol. Bd. 15 S. 531.

— 34 —

R u b n e r[1]) bestimmte am hungernden Hunde in dreistündlichen
Perioden die Kohlensäureauescheidung während 24 Stunden. Er
fand, dass sich die Kohlensäureausscheidung am Tage und während
der Nacht verhielt, wie 100,6 : 100,0.

Es ist bekannt, dass die Eiweisszersetzung unabhängig ist von
Kälte und Wärme, Ruhe und Arbeit. Nach den Versuchen von
Pettenkofer und Voit (am Menschen) und Feder (am Hunde)
dürfen wir eine Unabhängigkeit des Eiweisszerfalls vom Schlafen
und Wachen annehmen. Die Versuche von Rubner am hungernden Hunde beweisen, dass die Kohlensäureausscheidung resp. Fett-
und Kohlehydratzersetzung unter Umständen bei Nacht und bei
Tag nicht verschieden zu sein braucht. Die von Voit für die
Kohlensäureausscheidung beim Menschen abgegebene Erklärung
würde auch jeder Zeit ausreichen, andere Befunde, als sie die
Rubner'schen Versuche ergeben, beim Thiere zu erklären.

Ueber die Gesammtwärmeabgabe bei Tag und Nacht, besonders
über den Antheil der Wärmeabgabe durch Strahlung und Leitung
einerseits und durch Wasserverdunstung andererseits, lassen die bisherigen Versuche kein Urtheil fällen.

Wie aus den Tabellen I bis VII hervorgeht, wurden meine
Versuche nicht zu denselben Tagesstunden begonnen. Die Anfangs-
zeit schwankte zwischen 5 und 10 Uhr Morgens, in Versuch VII
wurde der Beginn auf 7 Uhr Abends verlegt. Ich habe bei der
Berechnung der Werthe stets die ersten 12 Stunden den zweiten
12 Stunden als Tag und Nacht gegenüber gestellt. Durch eine
besondere Berechnung, bei der ich die Wärmeabgabe in den Stunden von 6 bis 6 Uhr zu Grunde legte, überzeugte ich mich zuvor,
dass der Beginn der Versuche zu den verschiedenen Tagesstunden
auf den Ausfall der Resultate keinen bemerkenswerthen Einfluss
nachweisen liess.

Die Resultate über die Wärmeabgabe bei Tag und bei Nacht
sind in den Tabellen XIII und XIV zusammengestellt. Auch in
diesen Tabellen werden neben den direct gewonnenen Grössen die
auf 15° Umgebungstemperatur berechneten Werthe mitgetheilt.

1) Rubner, Zum 70. Geburtstage Carl Ludwigs 1887, S. 259.

Tabelle XIII.

No. des Versuches	Mittl. Gewicht des Kaninchens in g	Beobachtungen am Tage				Beobachtungen während der Nacht				Mittl. Gewicht des Kaninchens in g
		Mittl. Temperatur	Wärmeabgabe			Wärmeabgabe			Mittl. Temperatur	
			in Summa	durch Strahlg. und Leitung	durch Wasserverdunstg.	durch Wasserverdunstg.	durch Strahlg. und Leitung	in Summa		
II	1808	16,59	80,547	65,830	14,717	10,364	68,838	79,202	17,94	1763
III	1956	17,12	82,568	66,428	16,140	12,699	70,866	83,565	18,11	1909
I	2167	16,9	81,397	66,666	14,731	8,405	66,247	74,652	18,36	2137
IV	1684	19,45	52,974	45,060	7,914	9,735	46,082	55,817	18,61	1728
VI	1692	19,2	54,969	44,316	10,653	6,924	42,797	49,720	19,3	1655
V	2216	20,1	65,197	53,863	11,334	8,798	43,393	52,194	20,06	2159
VII	2355	17,03	61,233	52,384	8,849	8,759	54,198	62,957	17,06	2299
II			83,768	68,463	15,305	11,116	73,728	84,944		Werthe auf 15° Umgebungstemperatur berechnet.
III			86,902	70,078	16,824	13,683	76,358	90,041		
I			85,263	69,832	15,431	9,120	71,877	80,997		
IV			58,933	50,12	8,81	10,611	50,229	60,480		
VI			60,740	48,969	11,771	7,667	47,397	55,064		
V			73,509	60,730	12,779	10,029	49,468	59,497		
VII			64,294	55,003	9,291	9,219	57,043	66,262		

Tabelle XIV.

No. des Versuches	Mittl. Gewicht des Kaninchens in g	Beobachtungen am Tage				Beobachtungen während der Nacht				Mittl. Gewicht des Kaninchens in g
		Mittl. Temperatur	Wärmeabgabe			Wärmeabgabe			Mittl. Temperatur	
			in Summa pro Kilo und Stunde	durch Strahlung u. Leitg. pro Kilo und Stunde	durch Wasserverdunstg. pro Kilo und Stunde	durch Wasserverdunstg. pro Kilo und Stunde	durch Strahlung u. Leitg. pro Kilo und Stunde	in Summa pro Kilo und Stunde		
II	1808	16,59	3,713	3,037	0,676	0,485	3,259	3,744	17.94	1763
III	1956	17,12	3,523	2,833	0,688	0,554	3,097	3,651	18,11	1909
I	2167	16,9	3,123	2,557	0,566	0,328	2,583	2,911	18,36	2137
IV	1684	19,45	2,616	2,225	0,391	0,469	2,222	2,691	18,61	1728
VI	1692	19,2	2,707	2,183	0,524	0,348	2,155	2,503	19,3	1655
V	2216	20,1	2,542	2,116	0,426	0,339	1,676	2,015	20,06	2159
VII	2355	17,03	2,168	1,855	0,313	0,318	1,964	2,282	17,06	2299
II			3,861	3,158	0,703	0,520	3,495	4,015		Werthe auf 15° Umgebungstemperatur berechnet.
III			3,707	2,983	0,724	0,597	3,337	3,933		
I			3,271	2,679	0,592	0,355	2,803	3,158		
IV			2,911	2,475	0,436	0,511	2,422	2,933		
VI			2,991	2,412	0,579	0,386	2,316	2,772		
V			2,866	2,386	0,481	0,387	1,910	2,297		
VII			2,276	1,948	0,329	0,334	2,068	2,401		

Es zeigte sich, dass die Gesammtwärmeabgabe in drei Versuchen (III, IV, VII) während der Nacht diejenige am Tage um ein Weniges übertrifft. In drei weiteren Versuchen (I, VI, V) ist die Wärmeabgabe am Tage ziemlich beträchtlich grösser, als wie in der Nacht, in Versuch II schliesslich ist dieselbe nach Berücksichtigung der Umgebungstemperatur während des Tags und während der Nacht wohl als annähernd gleich gross anzusehen.

Keineswegs sind in Versuch I und in den Versuchen III bis VII die Unterschiede der Wärmeabgabe bei Tag und Nacht direct abhängig zu machen von einem Wechsel der Aussentemperatur, wie ein Blick auf die Tabelle lehrt, auch sind uns sonst keine äusseren Umstände aufgefallen, welche wir für die Schwankungen verantwortlich machen könnten. Im Besonderen sei noch hervorgehoben, dass die Kaninchen in dem Calorimeter ein durchaus gleichmässiges Verhalten zeigten.

Wir müssen daher aus den Resultaten meiner Versuche den Schluss ziehen, dass sich für die Gesammtwärmeabgabe während der Nacht und am Tage bei Kaninchen im Hungerzustande keine einheitliche Regel aufstellen lässt, dass dieselbe vielmehr von individuellen Umständen und Zufälligkeiten abhängig zu sein scheint, die wir nicht übersehen. Es ist nicht auszuschliessen, dass bei anderen Thierarten, z. B. beim Hunde, andere Verhältnisse anzutreffen sein werden.

Die Wärmeabgabe durch Wasserverdunstung ist in fünf Versuchen am Tage beträchtlich grösser als wie in der Nacht; in Versuch VII besteht Gleichheit, nur in Versuch IV findet sich während der Nacht ein grösserer Wärmeverlust durch Wasserverdunstung als am Tage. Dieser Versuch wurde im Gegensatze zu den übrigen Versuchen Abends 7 Uhr begonnen. Es wird weiter unten bei der Besprechung der stündlichen Wärmeabgabe näher auseinander gesetzt werden, welche äusseren Einflüsse von Einwirkung auf die Wärmeabgabe durch Wasserverdunstung sind. Eine Erklärung für das besondere Verhalten, welches die Wärmeabgabe durch Wasserverdunstung in Versuch IV bei Tag und Nacht zeigt, wird alsdann nicht schwer fallen.

Meine Befunde deuten darauf hin, dass die Wasserabgabe
bei Tag und bei Nacht zwar nicht zu differiren braucht
(Versuch VII), im Allgemeinen aber am Tage höher zu
sein pflegt, als in der Nacht. Ich habe ausserdem den
Procentsatz der Wärmeabgabe durch Wasserverdunstung an der
Gesammtwärmeabgabe berechnet und die Zahlen in Tabelle XV
zusammengestellt.

Tabelle XV.

No. des Ver- suches	Wärmeabgabe			
	am Tage		in der Nacht	
	durch Strahlung und Leitung in %	durch Wasser- verdunstung in %	durch Wasser- verdunstung in %	durch Strahlung und Leitung in %
II	81,79	18,21	12,96	87,04
III	80,46	19,54	15,18	84,82
I	81,55	18.45	11,25	88,75
IV	85,05	14,95	17,41	82,59
VI	80,63	19,37	13,91	86,09
V	83,24	16,76	16,84	83,16
VII	85,56	14,44	13,91	86,09
Mittel	82,61	17,39	14,49	85,51

Man ersieht aus dieser Uebersicht, dass die Wärmeabgabe
durch Wasserverdunstung im Mittel

am Tage 17,39 %,
während der Nacht 14,49 %

beträgt. Für die Wärmeabgabe durch Leitung und Strahlung
ergibt sich dementsprechend

am Tage 82,61 %,
während der Nacht 85,51 %.

Aus diesen Zahlen darf keineswegs der Schluss gezogen werden,
dass die Wärmeabgabe durch Leitung und Strahlung während der
Nacht gegenüber derjenigen am Tage in allen Versuchen auch absolut
vermehrt ist. Nur in vier Versuchen (I, II, III, VII) ist eine absolute
Vermehrung der Wärmeabgabe durch Leitung und Strahlung während
der Nacht zu constatiren. In Versuch IV ist dieselbe bei Tag und
Nacht gleich gross, in Versuch V und VI in der Nacht geringer
als am Tage.

In den Versuchen II und III ist die Wärmeabgabe durch Strahlung und Leitung während der Nacht in so hohem Grade vermehrt, dass dadurch die beträchtliche Verminderung der Wärmeabgabe durch Wasserverdunstung nicht nur nicht ausgeglichen, sondern sogar übercompensirt wird. Es ist im Anschluss an diese beiden Versuche der Gedanke nahe gelegt, dass unter Umständen während der Nacht eine gewisse Einsparung von Wasserdampf erfolgen kann, indem die Wärmeabgabe durch Leitung und Strahlung dafür vermehrt wird. Auch die Resultate in Versuch I und VII kann man in ähnlichem Sinne verwerthen. Jedenfalls gibt der mittlere Feuchtigkeitsgehalt der umgebenden Luft keine Erklärung für diese Befunde ab.

3. Stündlicher Verlauf der Wärmeabgabe.

a) Verhalten der Gesammtwärmeabgabe.

Bei der Betrachtung des stündlichen Verlaufs der Wärmeabgabe (Tabellen I bis VII a und b) ergibt sich zunächst, dass in sämmtlichen sieben Versuchen im Verlaufe von 24 Stunden recht beträchtliche Schwankungen der Wärmeabgabe wahrzunehmen sind. Diese verursachen in den einzelnen Versuchen Unterschiede der stündlichen Wärmeabgabe von 27 %, selbst 31 %. Ferner sind diese Schwankungen in allen Versuchen bei Tage deutlich grösser, als während der Nacht, wie aus Tabelle XVI zu ersehen ist.

Tabelle XVI.

No. des Versuches	Am Tage beobachtete Schwankungen			Während der Nacht beobachtete Schwankungen		
	der Zimmertemp.	der Wärmeabgabe		der Zimmertemp.	der Wärmeabgabe	
		pro Kilo	auf 100 bezogen		pro Kilo	auf 100 bezogen
II	15,2—18,0	3,21—4,01	100—124,9	17,7—18,2	3,57—3,85	100—107,8
III	14,9—18,4	2,85—3,82	100—134,03	17,5—18,5	3,47—3,90	100—112,3
I	14,8—18,8	2,69—3,67	100—136,4	18,1—18,7	2,76—3,09	100—111,9
IV	18,2—20,4	2,41—2,86	100—118,6	17,9—19,1	2,53—2,94	100—116,2
VI	17,7—19,7	2,34—3,38	100—144,4	19,1—19,5	2,32—2,86	100—123,2
V	19,4—20,4	2,26—2,73	100—120,7	20,0—21,0	1,84—2,36	100—112,8
VII	16,3—17,3	1,85—2,46	100—132,9	17,0—17,2	2,10—2,53	100—120,47

Eine Gleichmässigkeit der Wärmeabgabe, wie sie bei Nacht[1]) in verschiedenen aufeinanderfolgenden Stunden beobachtet wurde, trat am Tage nicht annähernd in gleichem Maasse auf.

Bei Beurtheilung der stündlichen Wärmeabgaben werden wir zunächst als ein dieselbe vermuthlich in hohem Grade beeinflussendes Moment die Temperatur der umgebenden Luft in's Auge zu fassen haben, zumal dieselbe bei unseren Versuchen nicht gleichmässig gestaltet werden konnte. Rubner[2]) hat durch Versuche von 24 stündlicher Dauer nicht nur die Angaben über den bedeutenden Einfluss der umgebenden Temperatur auf Wärmeproduction erhärtet, sondern auch den entsprechenden Einfluss auf die Wärmeabgabe mittelst der directen Calorimetrie nachgewiesen.

In meinen Versuchen lässt sich nun keineswegs ein gesetzmässiges Abhängigkeitsverhältniss zwischen der Temperatur und der stündlichen Wärmeabgabe durchgehends feststellen, wie dieses in langdauernden Versuchen (24stündlichen) nachweisbar war. Nur in wenigen Versuchen zeigte sich im Verlauf von mehreren Stunden eine gewisse Abhängigkeit der stündlichen Wärmeabgabe von der Temperatur der umgebenden Luft.

In Versuch I wurde am Tage in der Zeit von 5 bis 12 Uhr entsprechend einer Temperaturzunahme von 14,8 bis 17,4°, gleichzeitig eine Abnahme der Wärmeabgabe beobachtet. Aehnliches wurde wahrgenommen in Versuch IV am Tage in der Zeit von 12 bis 6 Uhr und in Versuch II am Tage in den Stunden von 8 bis 5 Uhr, schliesslich in Versuch V während der Nacht in den Stunden von 11 bis 6 Uhr. Bei näherer Berechnung stellte sich aber heraus, dass die Schwankungen in der stündlichen Wärmeabgabe wohl kaum den gleichzeitigen Veränderungen der äusseren Temperatur entsprechen. Es würde sich z. B. in Versuch IV für ein Grad Aenderung in der Temperatur der umgebenden Luft ein Unterschied in der Wärmeabgabe von 14 % ergeben. Die Schwankungen

---

1) Grosse Gleichmässigkeit der stündlichen Wärmeabgabe findet sich während der Nacht vorübergehend in allen Versuchen, am Tage in Versuch II, I u. VII.

2) Rubner, a. a. O. (S. 31, 1) S. 285.

der Wärmeabgabe sind demgemäss zu grosse, als dass wir dieselben
allein auf die gleichzeitigen, verhältnissmässig geringen Temperaturschwankungen beziehen könnten.

Ein gewisser Einfluss der Aussentemperatur auf die Wärmeabgabe scheint sich fernerhin auch dadurch auszusprechen, dass
nämlich bei gleichem Verhalten der Schwankungen in der Umgebungstemperatur die Schwankungen der Wärmeabgabe in allen
Versuchen am Tage bedeutend grösser sind als zur Nachtzeit. Ein
Blick auf die Tabelle XVI zeigt jedoch, dass auch dieses Abhängigkeitsverhältniss durchaus kein gleichmässiges ist.

Weiterhin mag zur Erklärung der Schwankungen, welche ich
bei Verfolgung der stündlichen Wärmeabgabe am Kaninchen be-
obachtete, der Umstand geltend gemacht werden, dass im Verlauf von 24 Stunden und zwar, wie bereits Voit hervorgehoben
hat, am Tage mehr als während der Nacht, von aussen her man-
cherlei Anregungen des Nervensystems erfolgen, welche zur Aus-
lösung von Thätigkeiten oder, was dasselbe sagen will, zur Bildung
von Wärme Veranlassung geben. Diese Anregungen sind zum
Theil durch Zufälligkeiten bedingt und erfolgen durchaus unregel-
mässig, zum Theil sind sie zurückzuführen auf Eingriffe, welche
durch das Experiment geboten sind. Für die Grösse der Schwankungen sind nicht sowohl die Art und Intensität der erfolgten An-
regung, als auch die individuellen Eigenschaften der Thiere maass-
gebend. Es kann keinem Zweifel unterliegen, dass die Gewöhnung
an den Apparat bei den verschiedenen Thieren verschieden rasch
eintritt. In Versuch I und in einigen Vorversuchen erfolgte sie
offenbar besonders langsam.

Fast nach jeder Herausnahme der Thiere aus dem Calorimeter
behufs Messung oder eines sonstigen Eingriffs liess sich bei Fort-
setzung des Versuchs eine deutliche Veränderung der Wärmeabgabe nachweisen, sei es der Gesammtheit oder der einzelnen
Componenten. Die Beeinflussung letzterer wird weiter unten besprochen werden.

Auf zwei Vorkommnisse möchte ich an dieser Stelle noch besonders
aufmerksam machen; in Versuch I tritt während der Nachtzeit, trotz
eines gleichzeitigen Abfalls der Zimmertemperatur von 18,7° auf 18,1°,

in vier aufeinanderfolgenden Stunden (8 bis 12) keinerlei Veränderung der Gesammtwärmeabgabe ein.

Die auffallend geringe Abgabe während der ersten zwei Stunden in Versuch III legt den Gedanken nahe, dass erst von der dritten Stunde an der durch die Ventilationsgrösse bedingte Einfluss auf die Wärmeabgabe in die Erscheinung tritt. Es hat somit den Anschein, als ob sich das Thier durch physikalische Regulation eine Zeit lang vor einer vermehrten Wärmeabgabe zu schützen im Stande gewesen wäre. Dieses würde eine sehr bemerkenswerthe Erscheinung sein, welche ein weiteres Studium verdiente und in Versuchen über die stündliche Wärmeabgabe bei verschiedenen Temperaturen der umgebenden Luft zu beobachten wäre.

b) Verhältniss zwischen Wärmeabgabe durch Wasserverdunstung und Wärmeabgabe durch Leitung und Strahlung.

Bei der Betrachtung des Antheils, welchen die einzelnen Componenten an der Gesammtwärmeabgabe nehmen, zeigt sich, dass sehr grosse Schwankungen zwischen der Wärmeabgabe durch Wasserverdunstung und derjenigen durch Strahlung und Leitung in allen Versuchen vorkommen. Bei näheren Berechnungen ergibt sich, dass der Antheil der Wärmeabgabe durch Wasserverdunstung schwankt

in Versuch   II zwischen 25,9% und 14.6%
    „   „   III   „   21,5%   „   17,1%
    „   „   I   „   31,6%   „   7,78%
    „   „   IV   „   26,4%   „   11,5%
    „   „   VI   „   21,5%   „   16,0%
    „   „   V   „   26,1%   „   14,1%
    „   „   VII   „   16,33% „   11,8%.

Auf die grosse Bedeutung der Wasserbestimmung für die Beurtheilung der Gesammtwärmeabgabe ist bereits von Rubner in seinen letzten Arbeiten, besonders auch in der Kritik[1]) der calorimetrischen Versuche Rosenthal's, nachdrücklich hingewiesen.

Es erscheint jedoch nicht überflüssig, an der Hand des vorliegenden Materials noch einmal darauf aufmerksam zu machen,

1) Rubner, a. a. O. (S. 3, 1a u. S. 31, 1.)

dass bei calorimetrischen Messungen eine Vernachlässigung der
Wärmeabgabe durch Wasserverdunstung durchaus unzulässig ist.
Untersuchungen, welche es bisher an einer Wasserbestimmung haben
fehlen lassen, erfahren eine dementsprechende Beschränkung der
Beweiskraft.

Wenn wir nun das Verhältniss zwischen Wärmeabgabe durch
Wasserverdunstung und Wärmeabgabe durch Strahlung und Leitung
näher ins Auge fassen, so ergibt sich durchgehends, in einem Versuch allerdings mehr als in dem anderen, dass äussere Eingriffe
jeglicher Art stets von hervorragendem Einfluss auf die Wärmeabgabe durch Wasserverdunstung sind. Es lässt sich fast nach
jeder Herausnahme aus dem Calorimeter zwecks Messung resp.
Injection eine Steigerung der Wärmeabgabe durch Wasserverdunstung
wahrnehmen. Dieselbe ist auch stets zu Anfang des Versuchs in
bedeutendem Maasse zu constatiren (nur Versuch VII macht eine
Ausnahme), so dass wir jeden Wechsel der äusseren Verhältnisse, selbst wenn das Thier sich 24 Stunden vor-
her in einem ähnlich ventilirten Raum wie das Calorimeter befand, als bedeutungsvoll für die Art und Menge
der Wärmeabgabe ansehen müssen.

In Versuch I finden wir in den ersten Stunden neben einer
beträchtlichen Vermehrung der Wärmeabgabe durch Wasserverdunstung auch eine Vermehrung der Gesammtwärmeabgabe resp.
der Wärmeabgabe durch Strahlung und Leitung. In Versuch IV
ist die Gesammtwärmeabgabe in den ersten Tagesstunden vorwiegend durch Wasserverdunstung gesteigert. In Versuch II (Tags
und Nachts), IV (Nachts) und VII (Tags und Nachts) ist in den
ersten Stunden eine vermehrte Wasserabgabe bei gleichzeitig ver-
minderter Wärmeabgabe durch Strahlung und Leitung zu constatiren. Neben einer Vermehrung der Gesammtwärmeabgabe unter
gleichzeitiger Betheiligung beider Componenten haben wir also eine
Verminderung der Wärmeabgabe durch Strahlung und Leitung
und eine entsprechende Vermehrung der Wärmeabgabe durch
Wasserverdunstung beobachtet, welche sich nicht durch den Feuchtigkeitsgehalt der Luft erklärt. Es kann also eine Vertretung der
beiden die Gesammtwärmeabgabe bedingenden Componenten unter

einander stattfinden. Eine solche Vertretung können wir auch da
beobachten, wo die Wärmeabgabe, wie oben angeführt, ziemlich
gleichmässig verläuft. Dass somit die Wärmeabgabe durch
Wasserverdunstung ein activer Process ist, wie ihn
Rubner[1]) bezeichnet hat, kann auch aus diesen Versuchen gefolgert werden.

Bei einer sorgfältigen Durchmusterung des Materials, welches
meine Versuche für die Beurtheilung der Wärmeabgabe im Hungerzustande darbieten, kommt man zu der Anschauung, dass Schlüsse,
welche man aus dem Vergleich der Wärmeabgabe
weniger Stunden, geschweige denn einzelner Stunden
zu ziehen beliebt, sehr mit Vorsicht aufzunehmen
sind. Ebenso sind die Resultate von calorimetrischen
Versuchen, in welchen Eingriffe von kurz dauernder
oder geringer Wirkung geprüft werden sollen, sehr
mit Kritik zu betrachten.

Ich möchte schliesslich noch der Vermuthung Ausdruck ver-
leihen, dass wir wohl kaum eine dem grossen Wechsel der stündliche Wärmeabgabe genau entsprechende, stündliche Ausscheidung
der Stoffwechselproducte erwarten können. Ich glaube unter
Anderem hierin eine Erklärung dafür erblicken zu können, dass
es bisher nur Rubner gelungen ist, das Gesetz von der Erhaltung
der Kraft am lebenden Thiere nachzuweisen. Rubner erfüllte
alle nothwendigen Versuchsbedingungen und wählte vor allen Dingen
genügend lange Versuchszeiten (21 bis 22 Stunden), in welchen sich
Verschiedenheiten zwischen Wärmeabgabe und Ausscheidung der
Stoffwechselproducte ausgleichen konnten.

Ich komme auf Grund meiner Versuche zu folgenden Schluss-
sätzen:

1. Die Luftgeschwindigkeit im Calorimeter kann die Wärmeproduction und die Wärmeabgabe in hohem Grade beeinflussen.

2. Die Steigerung der Wärmeproduction bei grösserer Luftgeschwindigkeit ist aufzufassen als Ausdruck gesteigerter chemischer
Regulation.

---

1) Rubner, a. a. O. (S. 31, 1) S. 224

4*

3. Die Grösse der Wärmeabgabe innerhalb 24 Stunden ist in demselben Maasse von der Körpergrösse und -Oberfläche abhängig wie die Wärmeproduction.

4. 16% der abgegebenen Wärme werden vom Kaninchen durch Wasserverdunstung gebunden.

5. Ueber die Grösse der Gesammtwärmeabgabe bei Tag und bei Nacht lässt sich für das Kaninchen keine bestimmte Regel aufstellen.

6. Die Wärmeabgabe durch Wasserverdunstung ist am Tage beträchtlich grösser als während der Nacht (17% zu 14%), wenn während der Nacht keine besonderen äusseren Einflüsse auf das Thier einwirken.

7. Unter derselben Voraussetzung pflegt die Gesammtwärmeabgabe in ihrem stündlichen Verlauf bei Tage weit grössere Schwankungen zu zeigen als bei Nacht.

8. Die Schwankungen der Gesammtwärmeabgabe, sowie die Schwankungen der Wärmeabgabe durch Wasserverdunstung sind innerhalb 24 Stunden sehr bedeutende.

9. Durch jeden, auch den geringsten äusseren Eingriff kann eine Aenderung in der Wärmeabgabe hervorgerufen werden, sei es, dass die Gesammtwärmeabgabe oder deren Componenten im Einzelnen beeinflusst werden. Am auffälligsten ist die Steigerung der Wärmeabgabe durch Wasserverdunstung infolge Beunruhigung des Thieres durch äussere Eingriffe.

10. Die Wärmebindung durch Wasserverdunstung darf bei calorimetrischen Versuchen niemals vernachlässigt werden.

II. Beobachtungen am fiebernden Kaninchen.

Liebermeister[1]) fand durch Berechnung des Wärmeverlustes, welchen gesunde und fiebernde Menschen im Bade erlitten, „dass der Wärmeverlust bei Fieberkranken grösser ist als bei Gesunden", und dass „im Fieber ceteris paribus mehr Wärme producirt wird, als im gesunden Zustande".

---

1) Liebermeister, Beobachtungen und Versuche über die Anwendung des kalten Wassers bei fieberhaften Krankheiten. Leipzig 1868, S. 100 ff.

Leyden[1]) bestimmte mit einem Wassercalorimeter die Wärmeabgabe am Unterschenkel fiebernder Menschen. Er schloss aus seinen Versuchen:

1. „Die Wärmeabgabe ist im Fieber gesteigert";

2. „ebensowohl bei constanter, als bei ansteigender oder abfallender Körpertemperatur";

3. „demnach ist eine gesteigerte Wärmeproduction unzweifelhaft vorhanden".

Senator[2]) führte am fiebernden Hunde ebenfalls mit Hülfe eines Wassercalorimeters Messungen der Wärmeabgabe aus.

Auf Grund seiner Beobachtungen kam er zu folgenden Schlüssen: „Die Wärmeabgabe ist im Anfangsstadium des Fiebers niemals vermehrt, sondern eher vermindert, und infolge davon wird in diesen Zeiten höchstwahrscheinlich abnorm viel Wärme im Körper angehäuft." „Im weiteren Verlaufe und auf der Höhe des Fiebers zeigt die Wärmeabgabe wenigstens am Tage ähnliche Schwankungen wie die Kohlensäureabgabe." „Auch die Wärmebildung zeigt auf der Höhe des Fiebers beträchtliche Schwankungen, sie ist zu manchen Zeiten entschieden grösser, als in dem entsprechenden fieberfreien Zustande, zu anderen Zeiten wieder entschieden kleiner."

In neuester Zeit hat Rosenthal[3]) über Versuche berichtet, die er am fiebernden Menschen und Thiere angestellt hat. Aus seinen Thierversuchen ergibt sich, „dass im Stadium des Temperaturanstieges die Wärmeabgabe vermindert ist" und zwar in dem Maasse, „dass wir daher berechtigt sind, die Temperaturerhöhung in diesen Fällen als Folge der Wärmeretention anzusehen".

Die calorimetrischen Untersuchungen, welche zur Lösung physiologischer Fragen von Rosenthal am Thiere angestellt wurden, sind durch Rubner[4]) einer Kritik unterzogen, in welcher vor Allem auf die ungenügende Auskunft über die Wärmeabgabe durch

1) Leyden, Untersuchungen über das Fieber. Deutsches Archiv f. klin. Med. Bd. 5 S. 273.

2) Senator, Untersuchungen über den fieberhaften Process und seine Behandlung. Berlin 1873, S. 90.

3) Rosenthal, Die Wärmeproduction im Fieber. Berl. klin. Wochenschrift 1891 No. 32 S. 785. Virchow's Festschrift 1 S. 413, 1891.

4) Rubner, a. a. O. (S. 3, 1a).

Wasserverdunstung hingewiesen wird. Die beiden Arbeiten, in denen Rosenthal Versuche über das experimentell beim Thiere erzeugte Fieber mittheilt, enthalten keine genaueren Angaben über diesen Punkt. Ich sehe daher von einer weiteren Kritik der letzten Mittheilungen Rosenthal's an dieser Stelle ab und verweise auf die Beurtheilung der früheren Versuche durch Rubner.

Auf Grund der partiellen calorimetrischen Untersuchungen, welche am Menschen angestellt wurden, die aber noch nicht als abgeschlossen gelten, gelangte Rosenthal bis jetzt zu folgendem Ergebniss: „Auf der Fieberhöhe ist die Wärmeabgabe grösser als im fieberlosen Zustande der Reconvalescenz." „Im Stadium des Fieberanstiegs ist die Wärmeabgabe geringer als auf der Fieberhöhe."

Senator hat anerkannt, dass die bisherigen Versuche trotz ihrer grossen Zahl einer Lückenhaftigkeit nicht entbehren, „weil sie nicht den gesammten Fieberlauf umfassen, sondern nur einzelne Zeitabschnitte desselben, und weil vor Allem das Verhalten zur Nachtzeit ganz ausfällt." Ich war bemüht, diese Lückenhaftigkeit durch meine Versuche nach Möglichkeit auszufüllen.

Dass diese Arbeit mit grosser Schwierigkeit verknüpft sein muss, wird man erkennen, wenn man den Verlauf der stündlichen Wärmeabgabe mit seinen Schwankungen und Eigenthümlichkeiten ins Auge fasst, wie ihn die einzelnen Thiere in normalem Zustande darbieten.

Nachdem die Kaninchen 24 Stunden im fieberfreien Zustande beobachtet waren, wurde nach der Injection der Rothlauf-Bouillon-Cultur, die gelegentlich nach 12 bis 24 Stunden wiederholt wurde, die Beobachtung bei ununterbrochener Carenz fortgeführt.

Eine längere Beobachtungszeit, als 3½ Tage, war uns nicht möglich durchzuführen.

Die gefundenen Werthe wurden in einzelnen Versuchen dadurch untereinander vergleichbar gemacht, dass sie auf ein Kilo Thier umgerechnet wurden.

Ich habe mich in dem ersten Theil dieser Arbeit ausführlich darüber ausgelassen, dass uns ein absoluter Maassstab für den Vergleich der Wärmeabgabe an mehreren aufeinanderfolgenden Hungertagen fehlt, dass wir vielmehr auf eine Schätzung ange-

wiesen sind. Die Resultate meiner Versuche gestalten sich nun
derart, dass Zweifel, wie ich im Einzelnen weiter unten zeigen werde,
über die Bedeutung derselben nur in einem Versuch (VI) auftreten
können.

Die Herausnahme des Kaninchens aus dem Calorimeter behufs
Messung wurde möglichst beschränkt, da, wie ich gezeigt habe,
durch diesen Eingriff eine Aenderung in der Wärmeabgabe hervorgerufen wird.[1])

1. Die Gesammtwärmeabgabe an den einzelnen Fiebertagen.

Für die Beurtheilung der Gesammtwärmeabgabe an den einzelnen Fiebertagen stehen mir fünf Versuche zur Verfügung. Die
Beobachtung erstreckt sich in vier Fällen auf zwei Fiebertage, in
einem Falle nur auf einen Fiebertag. Die Beobachtungszeit um-
fasst an drei Tagen 23 Stunden, an zwei Tagen 22 Stunden, an
einem Tage 19 und an drei Tagen 17 Stunden. Bei der Berechnung
der Wärmeabgabe in 24 Stunden wurden für die fehlenden Stunden
die für die Tages- und Nachtzeit gesondert berechneten Mittelzahlen
eingesetzt.

Ausser den von mir durch directe Calorimetrie gewonnenen
Resultaten liegen als eine weitere Vervollkommnung des Materials
Versuche von May vor.

May[2]) bestimmte während der Carenz an Kaninchen, welche
er ebenfalls durch Rothlauf-Bouilloncultur in den fieberhaften Zustand versetzt hatte, die Gesammt-Calorienproduction auf indirectem
Wege. Der Tabelle No. XVII, in welcher ich meine Versuche ge-
ordnet habe, lasse ich in Tabelle XVIII eine Zusammenstellung
der Versuche May's folgen.

In der Tabelle sind unter dem ersten Tage sowohl die direct
erhaltenen Werthe, als auch die auf die mittlere Zimmertemperatur
des ersten Fiebertages corrigirten Werthe mitgetheilt. Für einen
Grad Aenderung in der Temperatur der umgebenden Luft wurde
nach Rubner 2,5 % der Wärmeabgabe in Rechnung gesetzt.

---

1) Rosenthal gibt an, dass er seine Katzen alle zwei Stunden gemessen
habe; von einer besonderen Einwirkung dieses Eingriffes auf die Wärmeabgabe
berichtet er nicht.

2) May, a. a. O.

In der letzten Rubrik habe ich die Wärmemenge, welche am Tage vor der Rothlauf-Injection abgegeben wurde, gleich 100 gesetzt und darauf die an den folgenden Tagen erhaltenen Werthe bezogen.

Tabelle XVII.

No. des Versuches		Mittl. Gew. d. Kaninchens	Temperatur d. Kaninchens	Temperatur des Zimmers	Wärmeabgabe durch Wasserverdunstg.	Wärmeabgabe durch Strahlung u. Leitg.	Wärmeabgabe in Summa	Wärmeabgabe pro Kilo und Stunde durch Wasserverdunstg.	durch Strahlung und Leitung	in Summa	Wärmeabgabe auf 100 bezogen
II	1.Tag	1787	39,0	17,27	25,07	134,67	159,74	0,585	3,140	3,725	
	1. „	1787	39,0	corrig. auf 17,05	25,08	135,64	160,72	0,585	3,162	3,747	100
	2. „										
	3. „	1590	40,4	17,05	22,87	126,86	149,73	0,5993	3,3237	3,923	104,7
IV	1. „	1703	39,0	19,09	17,65	91,14	108,79	0,432	2,220	2,652	
	1. „	1703	39,0	corrig. auf 18,76	17,75	91,93	109,68	0,434	2,249	2,683	100
	2. „	1625	41,7	18,76	19,17	109,29	128,46	0,491	2,803	3,294	122,7
	3. „	1545	40,5	18,9	18,08	113,64	131,72	0,483	3,061	3,544	132,1
VI	1. „	1673	38,4	19,25	17,57	87,11	104,68	0,438	2,169	2,607	
	1. „	1673	38,4	corrig. auf 20,05	17,19	85,40	102,59	0,429	2,126	2,555	100
	2. „	1606	41,0	20,05	14,94	81,77	96,71	0,3876	2,1214	2,509	98,2
	3. „	1540	40,4	19,78	17,5	85,98	103,48	0,4734	2,3256	2,799	109,6
V	1. „	2187	39,1	20,4	20,13	97,26	117,39	0,383	1,837	2,220	
	1. „	2187	39,1	corrig. auf 19,4	20,63	99,69	120,32	0,3930	1,8990	2,292	100
	2. „	2081	40,6	19,4	20,97	95,80	116,77	0,4198	1,9182	2,338	102,0
	3. „	1978	41,3	19,5	21,05	98,83	119,88	0,4434	2,0816	2,525	110,2
IVI	1. „	2327	38,6	17,02	17,60	106,59	124,19	0,315	1,908	2,223	
	1. „	2327	38,6	corrig. auf 17,65	17,33	105,62	122,95	0,310	1,891	2,201	100
	2. „	2229	40,7	17,65	20,62	104,32	124,94	0,3854	1,949	2,335	106,09
	3. „	2139	40,7	18,0	22,52	118,96	141,48	0,4386	2,3174	2,756	125,2

Obgleich die absoluten Werthe im Vergleich mit den Resultaten, die an fieberfreien Tagen gewonnen wurden, zum Theil eine Verminderung der Gesammtwärmeabgabe zeigten, so ergibt sich dennoch bei Berechnung der Mittelwerthe auf ein Kilo Thier und eine Stunde in drei Versuchen (IV, V, VII) während der ersten 24 Stunden nach der Injection eine deutliche Vermehrung der Wärmeabgabe. Während in diesen drei Versuchen auch das Ansteigen der Körpertemperatur

Tabelle XVIII.

Bezeichnung d. Kaninch.	No. des Versuchstages	Gewicht des Kaninch. in g	Temperatur des Kaninchens	des Zimmers	Wärmeproduction in 24 Stdn.	pro Kilo und Stunde		Wärmeabgabe auf 100 bezogen	Bemerkung
E	1	2480	{39,2 / 39,5} corrig. auf	18,5 / 18,8	153,64 / 155,79	2,581 / 2,616		100	
	2	2378	{39,7 / 41,2}	18,8	152,05	2,664		101,83	Rothlauf-Injection
	3	2270	{41,2 / 40,7}	19,1	166,37	3,053		116,9	
II	1	3345	{39,0 / 39,6} corrig. auf	20,2 / 21,3	216 / 210,1	2,687 / 2,616			
	2	3230	{39,6 / 39,2} corrig. auf	20,3 / 21,3	207,5 / 202,31	2,675 / 2,608	}2,612	100	
	3	3124	{39,7 / 41,0}	21,3	205,5	2,741		105,1	Rothlauf-Injection
G	1	2838	{38,5 / 38,2} corrig. auf	18,3 / 19,3	152,66 / 148,85	2,241 / 2,183			
	2	2737	{38,2 / 38,6} corrig. auf	20,3 / 19,3	147,94 / 150,52	2,25 / 2,287	}2,235	100	
	3	2632	{38,6 / 38,6}	19,3	145,80	2,308		103,2	Rothlauf-Injection
	4	2522	{38,7 / 40,1}	19,0	154,38	2,55		114,1	
	5	2384	{40,1 / 38,1}	20,0	164,62	2,879		134,7	

in den ersten 24 Stunden nach der Injection beobachtet wurde, trat die Temperatursteigerung mit gleichzeitiger Steigerung der Wärmeabgabe pro Kilo und Stunde in Versuch II erst am dritten Tage ein.

In Versuch VI verhält sich die Wärmeabgabe am fieberfreien Tage zu der am ersten Fiebertage wie 100 zu 98,2, es ist also eine Herabsetzung der mittleren Wärmeabgabe pro Kilo und Stunde vorhanden. Fraglich muss es bleiben, ob in diesem Falle thatsächlich eine pathologische Verminderung der Wärmeabgabe im Verhältniss zum Normaltage stattgefunden hat; denn der Unterschied ist sehr gering, und es wäre wohl möglich, dass derselbe auf die Abnahme des Gewichts und die damit einhergehende Abnahme der Wärmeproduction zu beziehen wäre.

In den zweiten 24 Stunden nach der ersten Injection finden wir gegenüber dem ersten Fiebertage eine deutliche Steigerung der absoluten Wärmeabgabe in drei Versuchen; in Versuch V ist die Wärmeabgabe am dritten Tage annähernd so gross wie am Normaltage; die Mittelzahlen pro Kilo und Stunde zeigen dagegen in allen Versuchen eine beträchtliche Ssteigerung, wir finden eine Zunahme der Wärmeabgabe von 100 zu 125, selbst zu 132.

Es ist bemerkenswerth, dass in drei Versuchen (VI, V, VII) während der ersten 24 Stunden nach der Injection, in welchen die Erhöhung der Körpertemperatur stattfand, die Steigerung der Wärmeabgabe bedeutend geringer ist als am zweiten Fiebertage, an welchem zwar auch noch zum Theil eine weitere Steigerung der Körpertemperatur statthatte, zum Theil aber auch wieder ein geringeres Sinken derselben zu beobachten war.

Die Wärmeproduction ist an fast allen Tagen nach der Injection deutlich gesteigert; denn wir haben der in 24 Stunden gemessenen Wärmeabgabe noch diejenige Wärmemenge hinzuzählen, welche der Temperaturerhöhung des Thierkörpers am Ende der 24 Stunden entspricht. Wir berechnen dieselbe aus der specifischen Wärme des Kaninchens (0,8), dem Gewicht am Ende der 24 Stunden und der Erhöhung der Körpertemperatur gegenüber dem fieberfreien Tage. Auf diese Weise finden wir auch, dass in Versuch VI, in welchem die Wärmeabgabe am ersten Fiebertage eine geringe Herabsetzung erfahren hat, die Wärmeproduction selbst eher gesteigert, als vermindert ist. Die gemessene Wärmeabgabe betrug am ersten Fiebertage 96,7 Calorien. Das Kaninchen hat nach Verlauf von 24 Stunden eine Temperatursteigerung um 2,6° erfahren, das Endgewicht betrug 1575 g. Dementsprechend waren in dem Körper des Kaninchens 3,276 Calorien mehr angehäuft als am Normaltage. Die Wärmeproduction belief sich also auf 99,98 Calorien, im Mittel pro Kilo und Stunde 2,594 Calorien gegenüber 2,55 am Normaltage.

May hat in zweien seiner Versuche, die ich zum Vergleich herangezogen habe, durch Bestimmung der Stoffwechselproducte ebenfalls eine Steigerung der Wärmeproduction in den ersten 24 Stunden nach der Injection nachgewiesen. Bei Kaninchen G fand die

Temperatursteigerung zugleich mit einer stärkeren Wärmeproduction, wie in meinem zweiten Versuch, erst am dritten Tage statt. Es liegen somit sieben[1]) einwandsfreie Versuche am Kaninchen vor, in welchen unter gleichzeitigem Ansteigen der Körpertemperatur auch eine deutliche Steigerung der Wärme production innerhalb eines Zeitraums von 24 Stunden nachweisbar war.

Der Antheil, welcher der Wärmeabgabe durch Wasserverdunstung und derjenigen durch Strahlung und Leitung an der Gesammtwärmeabgabe zufällt, ist aus der Tabelle XIX zu ersehen.

Tabelle XIX.

No. des Versuches	Wärmeabgabe am					
	1. Tage		2. Tage		3. Tage	
	durch Wasser-verdunstung in %	durch Strahlung u. Leitung in %	durch Wasser-verdunstung in %	durch Strahlung u. Leitung in %	durch Wasser-verdunstung in %	durch Strahlung u. Leitung in %
II	15,69	84,31			15,2	84,8
IV	16.23	83,77	14,92	85,08	13,72	86,28
VI	16,78	83,22	15,45	84,55	16,93	83,07
V	17,15	82,85	17,89	82,11	17,5	82,5
VII	14,18	85,82	16,49	83,51	15,99	84,01
Mittelzahlen	16,0 %	84,0 %	16,19 %	83,81 %	15,86 %	84,14 %

Man erkennt, dass das Verhältniss zwischen der Wasserverdunstung und der Wärmeabgabe durch Leitung und Strahlung genau das gleiche ist, als an den fieberfreien Tagen. Die Zahlen deuten mit anderen Worten darauf hin, dass die vermehrte Wasserverdunstung an den Fiebertagen im allgemeinen der Vermehrung der Gesammtwärmeproduction entspricht. Es verdient diese Thatsache besonders hervorgehoben zu werden, weil Leyden[2]) aus seinen Wägungen am fiebernden Menschen schliesst, „dass die Wärmeproduction im Fieber auf etwa das doppelte des Normalen steigt, gleichzeitig die Wasserverdunstung entweder gar nicht oder nicht wesentlich gesteigert ist".

Ein bestimmtes Urtheil über die Frage, ob der Gesammtorganismus im Fieber im Verhältniss wasserreicher geworden ist,

---

1) Nur Versuch VI macht eine Ausnahme.
2) Leyden, a. a. O. (S. 45, 1) S. 371.

wie es Leyden mit grosser Wahrscheinlichkeit aus seinen Wägungen
am Menschen schliesst, lässt sich aus diesen meinen Zahlen natürlich nicht fällen.

2. Verhältnisse der Wärmeabgabe im Fieber während 12 stündlicher Perioden.

Aus den Versuchen an fieberfreien, hungernden Kaninchen
ging hervor, dass eine bestimmte Regel für Wärmeabgabe bei Tag
und bei Nacht nicht aufzustellen war. Nur fanden wir, dass am
Tage die Wasserverdunstung eine beträchtlich grössere war als in
der Nacht. Für den fiebernden Organismus dürfen wir um so
weniger erwarten, dass der Ablauf der Wärmeabgabe am Tag und
während der Nacht sich nach einer bestimmten Regel vollzieht, als
durch die Injection des Giftes ein die Wärmeproduction und Wärmeabgabe zeitlich beeinflussendes Moment hinzukommt Diese Einwirkung tritt unabhängig von Tag und Nacht bald früher, bald
später auf. Wir werden daher lediglich von dem Gesichtspunkte
aus, den zeitlichen Verlauf des Fiebers näher kennen zu lernen, die
Wärmeabgabe in kleineren, 12 stündlichen Perioden betrachten,
indem wir die 12 Tages- und 12 Nachtstunden gesondert einander
gegenüber stellen. Die gefundenen Werthe auf eine bestimmte
Temperatur der umgebenden Luft zu corrigiren, wurde in Versuch II, III, IV und VII für überflüssig erachtet. Die Temperatur-
verhältnisse in Versuch V und VI werden eine besondere Besprechung erfahren.

(Siehe Tabelle XX und XXI auf S. 53 u. 54.)

In Versuch IV und VII konnte bereits in den ersten 12 Stunden nach der Injection mit ansteigender Temperatur eine deutliche
Zunahme der mittleren Wärmeabgabe festgestellt werden. In Versuch II trat erst am dritten Tage die Temperatursteigerung ein, zu
gleicher Zeit wurde aber auch hier eine geringe Zunahme der Wärmeabgabe beobachtet. In Versuch III ging die Zeit des Temperaturanstiegs, welcher sich in den zweiten 12 Stunden nach der Injection
einstellte, leider für die Beobachtung verloren; es machte sich aber
bereits in den ersten 12 Stunden nach der Injection eine beträchtliche Steigerung der Wärmeabgabe geltend, obgleich eine Steigerung
der Körpertemperatur nicht nachgewiesen wurde.

Tabelle XX.

No. des Versuches	Zeit	Gewicht des Kaninch.	Temp. des Kaninch.	Temp des Zimmers	Wärmeabgabe		
					durch Wasserverdunstung	durch Strahlung und Leitung	in Summa
II	1. Tag	1808	39,0	16,59	14,72	65,83	80,55
	1. Nacht	1763	38,9	17,94	10,36	68,84	79,20
	2. Tag	1718	39,3	17,82	12,14	65,55	77,69
	2. Nacht		39,0				
	3. Tag	1623	39,5—40,4	16,63	12,97	59,65	72,62
	3. Nacht	1562	40,4	17,83	9,90	67,21	77,11
	4. Tag	1491	40,2—39,8	17,65	14,55	65,22	79,77
III	1. Tag	1956	39,3	17,12	16,14	66,23	82,57
	1. Nacht	1909	39,4	18,11	12,70	70,87	83,57
	2 Tag	1866	39,4	19,7	16,29	71,35	87,64
	2. Nacht						
	3. Tag	1783	41,7	20,2	15,35	73,35	88,70
IV	1. Nacht	1728	39,0	18,61	9,74	46,08	55,82
	1. Tag	1684	39,0	19,45	7,91	45,06	52,97
	2. Nacht	1641	40,8	18,96	9,81	54,32	64,13
	2. Tag	1607	41,7	18,50	9,36	54,98	64,34
	3. Nacht	1577	41,5	19,45	9,16	57,53	66,69
	3. Tag	1525	40,7	18,76	8,92	55,83	64,75
VI	1. Tag	1692	38,3	19,2	10,65	44,32	54,97
	1. Nacht	1655	38,6	19,3	6,92	42,80	49,72
	2. Tag	1621	40,1	20,3	8,76	40,44	49,20
	2. Nacht	1590	41,0	19,8	6,19	41,32	47,51
	3. Tag	1556	41,6	19,9	8,92	43,41	52,33
	3. Nacht	1522	40,6	19,3	8,58	42,58	51,16
	4. Tag	1483	40,0	19,6	10,25	42,70	52,95
V	1. Tag	2216	38,8	20,1	11,33	53,86	65,20
	1. Nacht	2159	39,4	20,6	8,80	43,39	52,19
	2. Tag	2101	39,4	19,84	11,89	49,68	61,57
	2. Nacht	2053	40,6	19,02	9,08	46,13	55,21
	3. Tag	2010	41,4	19,4	8,80	52,77	61,57
	3. Nacht	1955	41,3	19,65	12,25	46,07	58,32
	4. Tag	1902	40,0	19,6	8,47	52,34	60,81
VII	1. Tag	2355	38,6	17,03	8,85	52,38	61,23
	1. Nacht	2299	38,6	17.06	8,76	54,20	62,96
	2. Tag	2253	40,0—39,1	17,40	10,29	51,78	62,07
	2. Nacht	2212	39,4—40,7	17,59	10,33	52,54	62,87
	3. Tag	2160	41,1	18.2	12,13	59,00	71,13
	3. Nacht	2113	41,1	17,81	10,40	59,95	70,35
	4. Tag	2071	40,3	16,6	8,27	56,64	64,91

Tabelle XXI.

No. des Versuches	Zeit	Gewicht des Kaninchens	Temp. des Kaninch	Temperatur des Zimmers	durch Wasserverdstg.	durch Strahlg. u. Leitg.	in Summa	Wärmeabgabe auf 100 bezogen
II	1. Tag	1808	39,0	16 59	0,6764	3.0366	3.713	100
	1. Nacht	1763	38,9	17,94	0.4854	3,2586	3,744	100
	2. Tag	1718	39,3	17,82	0,5888	3,1812	3,770	101,5
	2. Nacht		39,0					
	3. Tag	1622	39,5—40,4	16,63	0,6667	3,0683	3,735	100,59
	3. Nacht	1580	40,4	17,83	0,5223	3,5447	4,067	108,8
	4. Tag	1491	40,2—39,8	17,65	0,8147	3,6473	4,462	120,4
III	1. Tag	1956	39,3	17,12	0,6886	2,8344	3,523	100
	1. Nacht	1909	39,4	18,11	0,5544	3,0966	3,651	100
	2. Tag	1869	39,4	19,7	0,7278	3,1882	3,916	111,2
	2. Nacht							
	3 Tag	1785	41,7	20,2	0,7172	3,4268	4,144	117,2
IV	1. Nacht	1728	39,0	18,61	0,4686	2,2224	2,691	100
	1. Tag	1684	39,0	19,45	0,3912	2,2247	2,616	100
	2. Nacht	1640	40,8	18,96	0,4987	2,7613	3,260	121,2
	2. Tag	1607	41,7	18.50	0,4858	2,8532	3,339	127,7
	3 Nacht	1577	41,5	19,45	0,4841	3,0409	3,525	131,2
	3. Tag	1525	40,7	18,76	0,4883	2,9657	3,454	131,2
VI	1. Tag	1692	38,3	19,2	0,5244	2,1826	2,707	100
	1. Nacht	1655	38,6	19,3	0,3484	2,1546	2,503	100
	2. Tag	1620	40,1	20,3	0,4521	2,0799	2,532	93,3
	2. Nacht	1589	41,0	19,8	0,3244	2,1676	2,492	99,56
	3. Tag	1555	41,6	19,9	0,4782	2,3258	2,804	103,5
	3. Nacht	1524	40,6	19,3	0,4694	2,3286	2,798	111,7
	4. Tag	1483	40,0	19,6	0,5763	2,3987	2,975	109,9
V	1. Tag	2216	38,8	20,1	0,4262	2.1158	2,542	100
	1. Nacht	2159	39,4	20,6	0,3394	1,6756	2,015	100
	2. Tag	2099	39,4	19,84	0,4710	1,9730	2,444	96,2
	2. Nacht	2053	40,6	19,02	0,3678	1,8742	2,242	111,2
	3. Tag	2008	41,4	19,4	0,3659	2,1881	2,554	100,47
	3. Nacht	1956	41,3	19,65	0,5225	1,9665	2,489	118,5
	4. Tag	1902	40,0	19,6	0,3718	2,2922	2,664	103,5
VII	1. Tag	2355	38,6	17,03	0,3132	1,8548	2,168	100
	1. Nacht	2299	38,6	17,06	0,3176	1,9644	2,282	100
	2. Tag	2253	40,0—39,1	17,40	0,3805	1,9155	2,296	105,9
	2. Nacht	2212	39,4—40,7	17,59	0,3896	1,9457	2,335	102,32
	3. Tag	2160	41,1	18,2	0,4678	2,2762	2,744	126,5
	3. Nacht	2113	41,1	17,81	0.4677	2,3073	2.775	121,6
	4. Tag	2017	40,3	16,6	0,3306	2,3084	2,639	121,73

In Versuch VI ist zweifellos in den ersten 12 Stunden nach der Injection bei steigender Körpertemperatur eine Abnahme der Wärmeabgabe vorhanden. Dieselbe dürfte wohl zum Theil dem Umstande zuzuschreiben sein, dass die umgebende Temperatur am ersten Tage um 1,1° niedriger war als am zweiten Tage. Wäre es gestattet, diesen Unterschied durch eine Correctur (2.5% für 1°) auszugleichen, so würde sich das Verhältnis von 100 zu 93,3 auf 100 zu 96,3 verändern.

In Versuch V wurde bei kaum bemerkenswerther Temperatursteigerung des Kaninchens ebenfalls im Verlaufe der ersten 12 Stunden nach der Injection eine Verminderung der Wärmeabgabe von 100 zu 96,2 wahrgenommen. In diesem Falle würde der Unterschied durch eine Correctur des Werthes auf die Temperatur der umgebenden Luft noch um ein wenig vergrössert werden. Jedoch will es mir scheinen, dass bei diesem Versuche an dem fieberfreien Tage durch Zufall eine verhältnissmässig grosse Wärmeabgabe stattgefunden hat; denn in keinem anderen Versuche zeigt die Zunahme der Wärmeabgabe in 12stündlichen Perioden einen so schwankenden Verlauf wie in diesem. Während nämlich in allen anderen Versuchen ein ziemlich gleichmässiges Ansteigen der Wärmeabgabe stattfindet, bleibt die Wärmeabgabe in Versuch V während der Tagesstunden auffallend gering im Vergleich zu der Wärmeabgabe während der Nachtstunden. Diesen Versuch möchte ich daher für die Tagesstunden nicht als vollgültig in Betracht ziehen.

Während der zweiten 12 Stunden nach der Injection ist in Versuch IV, V, VII unter gleichzeitigem weiteren Steigen der Körpertemperatur eine ausgesprochene Vermehrung der Wärmeabgabe vorhanden. In Versuch VI ist die Wärmeabgabe während der zweiten 12 Stunden nach der Injection der während der ersten 12 Nachtstunden abgegebenen Wärmemenge gleichzusetzen, während zu gleicher Zeit die Körpertemperatur um einen Grad steigt.

Im weiteren Verlauf zeigt sich in allen Versuchen übereinstimmend bis zum vierten Tage, d. h. bis zum dritten Fiebertage, eine beträchtliche Steigerung der Wärmeabgabe. Meistens war in den dritten 12 Nacht- oder vierten

12 Tagesstunden ein geringer Temperaturabfall zu verzeichnen. Eine besondere Steigerung der Wärmeabgabe während dieser Zeit konnte nicht wahrgenommen werden. Dagegen ist die Steigerung der Wärmeabgabe am vierten Tage in Versuch II, zu welcher Zeit ein dem Collaps vergleichbarer Temperaturabfall sich einstellte, eine bemerkenswerthe.

Die Wärmeproduction ist in vier Versuchen, II, III, IV, VII, entsprechend der Steigerung der Wärmeabgabe und der Körpertemperatur bereits zur Zeit des Temperaturanstiegs zweifellos als vermehrt gegenüber der Norm anzunehmen. Auch in Versuch VI ist dieselbe bereits in den ersten 12 Stunden nach der Injection wohl eher als gesteigert, denn vermindert anzusehen. Wenn wir die im Körper des Kaninchens durch Steigerung der eigenen Temperatur aufgespeicherte Wärmemenge (2,31 Calorien) und die durch Differenzen der umgebenden Temperatur bedingte Verminderung der Wärmeabgabe in Rechnung setzen, so würden wir im Mittel eine Wärmeproduction von 2,711 Calorien, gegenüber einer Wärmeproduction von 2,707 Calorien am Normaltage, erhalten. Jedoch sei ausdrücklich bemerkt, dass sich in diesem Falle kein unbedingt sicheres Urtheil fällen lässt.

Als bemerkenswerth verdient noch hervorgehoben zu werden, dass auch in der Fieberzeit die Wasserverdunstung während der Nachtstunden im Mittel deutlich geringer ist, als während der Tagesstunden. Es scheint übrigens, dass, je länger der Versuch dauert, eine um so grössere Ausgleichung dieser Erscheinung eintritt. Diese Veränderung der Verhältnisse erklärt sich wahrscheinlich durch den gleichmässig apathischen Zustand, der sich im Verlauf der Erkrankung bei den Thieren allmählich einstellt. Aus der Tabelle XXII ist das Verhältniss der Wasserverdunstung zur Wärmeabgabe durch Leitung und Strahlung zu ersehen.

(Siehe Tabelle XXII auf S. 57.)

3. Stündlicher Verlauf der Wärmeabgabe am fiebernden Kaninchen.

Ich habe gezeigt, dass der stündliche Verlauf der Wärmeabgabe bei normalen Kaninchen grosse Schwankungen aufweist, und dass

Tabelle XXII.

No. des Versuches	Wärmeabgabe um								Wärmeabgabe während der					
	1. Tage		2. Tage		3. Tage		4. Tage		1. Nacht		2. Nacht		3. Nacht	
	durch Wasserverdunstung in %	durch Strahlung und Leitung in %	durch Wasserverdunstung in %	durch Strahlung und Leitung in %	durch Wasserverdunstung in %	durch Strahlung und Leitung in %	durch Wasserverdunstung in %	durch Strahlung und Leitung in %	durch Wasserverdunstung in %	durch Strahlung und Leitung in %	durch Wasserverdunstung in %	durch Strahlung und Leitung in %	durch Wasserverdunstung in %	durch Strahlung und Leitung in %
II	18,27	81,73	15,62	84,38	17,86	82,14	18,24	81,76	13,08	86,92	15,29	84,71	12,83	87,17
III	19,54	80,46	18,58	81,42	17,30	82,70			15,19	84,81	13,02	86,98	13,73	86,27
IV	14,93	85,07	14,56	85,44	13,77	86,23	19,35	80,65	17,45	82,55	16,49	83,51	16,77	83,23
VI	19,44	80,56	17,77	82,23	17,06	82,94	13,92	86,08	13,91	86,09	16,43	83,57	21,00	79,00
V	17,37	82,63	19,31	80,69	14,29	85,71	12,70	87,30	16,86	83,14			14,78	85,22
VII	14,45	85,55	16,57	83,43	17,05	82,95			13,91	86,09				
Mittelzahlen	17,33	82,67	17,07	82,93	16,22	83,76	16,05	83,95	15,07	84,93	15,3	84,7	15,82	84,18

besonders die Wasserver-
dunstung durch äussere
Eingriffe in hohem Grade
verändert werden kann.

Zunächst ist festzu-
stellen, dass während
des Fieberansticges,
sowie auf der Höhe
des Fiebers nach allen
äusseren Eingriffen
zum Theil ein Ein-
fluss auf die Gesammt-
wärmeabgabe, beson-
ders aber auch auf die
Wärmeabgabe durch
Wasserverdunstung,
ähnlich wie im nor-
malen Zustande beob-
achtet werden konnte.

Es verdient als be-
merkenswerth ferner her-
vorgehoben zu werden, dass
in vier von fünf Versuchen
(II., IV., V. und VII.) die
Schwankungen der Ge-
sammtwärmeabgabe wäh-
rend des Temperaturan-
stiegs einen theilweise sehr
beträchtlich höheren
Grad erreichen, als in
der entsprechenden Zeit
des Normalversuchs.

Senator[1] hat, im An-
schluss an seine Versuche,

1) Senator, a. a. O.
S. 153.

die er am Hunde anstellte, zuerst darauf aufmerksam gemacht,
dass „während des Fieberns beträchtliche Schwankungen der Wärmebildung über und unter die Norm vorkommen können". Er be-
obachtete ausserdem mit einem Fernrohr die Ohrgefässe von Kaninchen im normalen und fieberhaften Zustande und kam zu dem
Schluss, „dass die Verengerung und Erweiterung der Gefässe schon
etwa zwei bis drei Stunden nach Beginn des Fiebers stärker als
gewöhnlich im gesunden Zustande sind". Senator glaubte damit
den Beweis erbracht zu haben, „dass in der That auf der Höhe des
Fiebers die Gefässe der Haut weder in lähmungsartiger Erschlaffung,
noch in tetanischer Contraction dauernd verharren, sondern sich ab-
wechselnd oft ohne jede erkennbare äussere Veranlassung erweitern
und verengern".

Meine calorimetrischen Untersuchungen stehen mit der Beobachtung Senator's in gutem Einklang. Sie beweisen, dass während
des Fieberanstiegs eine grössere Labilität der Wärmeabgabe als in
der Norm vorhanden ist.

Dabei wurde in zwei Versuchen (Versuch II und V zur Zeit
des Fieberanstiegs vorübergehend während einzelner Stunden eine
geringere Wärmeabgabe beobachtet, als diese zuvor an einem Normaltage gefunden wurde. In den übrigen Versuchen wurden die
stärkeren Schwankungen durch eine Steigerung der Wärmeabgabe
hervorgerufen.

(Siehe Tabelle XXIII auf S. 59.)

III. Wesen des Fiebers.

Während die älteren Autoren[1]) als Ursache der Temperatursteigerung im Fieber eine gesteigerte Oxydation annahmen, vertrat
Traube[2]) die Ansicht, dass im Fieber der Wärmeverlust verringert
werde, „dieses hat seinen Grund in einer Contraction der kleinen
und kleinsten Arterien".

---

1) Vergl. die Litteraturzusammenstellung bei Raabe: Die modernen
Fiebertheorien. Gekrönte Preisschrift. Berlin 1894.

2) Traube, Zur Fieberlehre. Ges. Abhandlungen S. 637 u. 679, 1871.

Tabelle XXIII.[1])

No. des Versuches	No. des Versuchstags	Am Tage beobachtete Schwankungen			Während der Nacht beobachtete Schwankungen		
		der Temperatur	der Wärmeabgabe pro Kilo	der Wärmeabgabe auf 100 bezogen	der Temperatur	der Wärmeabgabe pro Kilo	der Wärmeabgabe auf 100 bezogen
II	1	15,2—18,0	3,21—4,01	100 —124,9	17,7—18,2	3,57—3,85	100—107,8
	2	17,2—18,5	3.10—4,11	100—132,5			
	3	14,5—18,3	2,68—4,26	100—158,9	17,6—18.2	3,82—4,29	100—112,3
	4	16,7—17,6	4,53—4,81	100—106,18			
III	1	14,9—18.4	2,85—3,82	100—134,03	17,5—18,5	3,47—3.90	100—112,3
	2	18,7—20,4	3,52—4,52	100—128,4			
	3	18,5—22,6	3,75—4,66	100—124,2			
IV	1				17,9—19,1	2,53—2,94	100—116,2
	2	18,2—20,4	2,41—2,86	100—118,6	17,1—20.4	2,55—3,71	100—145,5
	3	17,6—19,2	3.08—3.52	100—114,2	18,6—20,1	3,37—3,77	100—111,8
	4	17,5—19,4	3,15—3,70	100—117,4			
VI	1	17,7—19,7	2,34—3,38	100—144,4	19,1—19,5	2,32—2,86	100—123,2
	2	20,0—20,5	2,18—2.79	100—127.9	19,6—20.1	2,21—2,77	100—125,3
	3	19,8—20,1	2,63—3,24	100—123,6	19,2—19,7	2,64—2,99	100—113,2
	4	19,2—19,8	2,78—3.37	100—121,2			
V	1	19,4—20,4	2,26—2,73	100—120,8	20,0—21,0	1,84—2,36	100—128,2
	2	19,2—20.6	2,32—2,66	100—114,6	18,2—20.1	1,99—3.04	100 -152,7
	3	19,0—19,6	2,04—2,91	100—142.6	19,3—20,0	2,00—2,80	100—140,0
	4	19,1—20,2	2,51—2,98	100—118,7			
VII	1	16,3—17,3	1,85— 2,46	100—132,9	17,0—17,2	2.10—2.53	100—120,47
	2	17,3—17,7	1,88—2,78	100—147,8	17,8—18,2	1,93—2,82	100—146,1
	3	17,9—18,7	2,28—3,51	100—153,9	17,2—18,1	2,51—2.97	100- 118,3
	4	16,6—16,9	2,19—2,87	100—131,05			

Liebermeister[2]) kommt auf Grund der Bestimmung der CO$_2$-Ausscheidung und der Wärmeabgabe im Bade zu der Ansicht, „dass zum Wesen des Fiebers nothwendig sowohl die höhere Körpertemperatur als auch die Steigerung der Wärmeproduction gehört". „Die Wärmeregulation ist im Fieber auf einen höheren Temperaturgrad eingestellt." „Auch die Regulation der Wärmeproduction nach

1) Die unterstrichenen Zahlen entsprechen der Zeit des Temperaturanstiegs, die in Versuch III für die Beobachtung verloren ging.
2) Liebermeister, Ueber Wärmeregulirung und Fieber. Sammlung klin. Vortr. 1871 No. 19.

dem Wärmeverlust findet bei Kranken ebenso statt wie beim Gesunden", jedoch ist dieselbe beeinträchtigt.

Nach Senator[1]), der sein Urtheil auf die Untersuchungen
des Stoffwechsels am fiebernden Menschen und Hunde, sowie auf
calorimetrische Messungen am Hunde stützt, hat „die Haut ihre
Fähigkeit, die Körpertemperatur durch ihren wechselnden Gehalt
an Blut und Wärme zu reguliren, im Fieber nicht verloren; ihre
Wirksamkeit wird aber beeinträchtigt dadurch, dass unter dem
Einfluss der Fieberursache eine abnorme Erregbarkeit und Reizung
ihrer Gefässe eintritt, wodurch diese von Anfang der Fieberentwick-
lung an zeitweise sich allgemein oder theilweise verengern und dadurch die Ausgleichung des vorhandenen Wärmeüberschusses ver-
hindern".

„Die erhöhte Temperatur im Fieber kommt also zu Stande
durch ein Missverhältniss zwischen der abnorm vermehrten Bildung
und der nicht in demselben Grade vermehrten Abgabe von Wärme.
Dabei kann die Abgabe auf der Höhe des Fiebers immer grösser
als normal und zeitweise sogar grösser als die fieberhafte Wärmebildung sein. Das Missverhältniss tritt also nicht in jeder Fieber-
phase gleich stark hervor und setzt nothwendig ein jeder Fieber-
hitze vorangehendes, pyrogenetisches Stadium der Anhäufung von
Wärme voraus, sowie sie durch ein Defervescenz-Stadium mit gerade
umgekehrtem Verhalten beendigt wird."

Claude-Bernard[2]) spricht sich in seinen Vorlesungen während
der Jahre 1871—72 dahin aus, dass das Fieber eine Steigerung
der physiologischen Verbrennungs-Processe in Folge der Erregung
der Nerven sei, welche diese Vorgänge reguliren, „im Besonderen
der wärmeerzeugenden Nerven, welche vom Rückenmark ent-
springen, aber nicht in Folge einer Lähmung der gefässerweitern-
den Nerven".

Leyden und A. Fränkel[3]) kommen auf Grund ihrer Versuche
am Hunde, sowie auf Grund der partiellen calorimetrischen Mess-

1) Senator, a. a. O. S. 167.
2) Claude-Bernard, Vorlesungen über die thierische Wärme. Deutsch
von Schuster. Leipzig 1876, S. 379 ff.
3) Leyden u. Fränkel, Ueber den respiratorischen Gasaustausch im
Fieber. Virchow's Archiv Bd. 76 S. 136.

ungen am Menschen, welche der erste der beiden Autoren angestellt hat, zu der Ueberzeugung, dass der Organismus das Plus von Wärme, welches er über das zur Erhaltung der Normaltemperatur nöthige Maass erzeugt, in Folge einer durch das Fieber bedingten Aenderung der Wärmeregulation nicht im Stande ist, an die Umgebung loszuwerden.

Finkler[1]) hat sich im Anschluss an seine zahlreichen Bestimmungen der CO_2-Ausscheidungen und O_2-Zehrung am Meerschweinchen die Ansicht gebildet, dass das Fieber eine Neurose, im Wesentlichen eine Erkrankung des die Temperatur regulirenden Nervensystems sei. Dabei nimmt Finkler „eine Steigerung der Oxydation zur Erreichung der fieberhaften Temperaturhöhe, als beim Verweilen auf derselben als Veranlassung an“.

In neuerer Zeit hat die Anschauung Traube's durch die Untersuchungen Maragliano's[2]) „eine Erklärung, in manchen Punkten, nämlich der Beziehung der vasculären Erscheinungen zum Frostanfall, eine Berichtigung erfahren“. Maragliano untersuchte das Verhalten der Gefässe im Fieber mit Hülfe des Plethysmographen von Mosso. Er fand, „dass die Blutgefässe der Haut sich zu verengern begannen, wenn noch keine Temperatursteigerung wahrnehmbar, dass mit dem Fortschreiten der Gefässcontraction die Temperatur zu steigen anfängt, dass letztere ihren Höhepunkt erreicht zur selben Zeit, als erstere zu ihrem Maximum gelangt; dass ferner dem Sinken der Temperatur die Erweiterung der Blutgefässe vorangeht, und wenn die Dilatation am grössten ist, sehen wir die Temperatur in die Norm zurückkehren“.

Maragliano stellte seine Versuche meistens an Patienten mit intermittirendem Fieber (Wechselfieber, Typhus) an, einmal untersuchte er die Gefässe während des Fieberabfalls bei infectiösem Magenkatarrh. Ueber das Verhalten der Gefässe bei continuirlichem Fieber gestatten also die Untersuchungen Maragliano's zunächst noch keinen näheren Schluss zu ziehen. Leider fehlt es uns auch noch, um die Versuche Maragliano's zur Lösung der

---

1) Finkler, a. a. O. S. 151 ff.
2) Maragliano, Das Verhalten der Blutgefässe im Fieber und bei Antipyrese. Zeitschr. f. klin. Med. Bd. 14 S. 309.

Fieberfrage nachdrücklich verwerthen zu können, an der nöthigen Grundlage, welche uns berechtigte, bestimmte genau zu bemessende Beziehungen zwischen Gesammtwärmeabgabe (inclusive Wärmeabgabe durch Wasserverdunstung) und dem Verhalten der Gefässe anzunehmen.

Die übrigen von mir citirten Autoren sprechen sich mehr oder weniger gegen die Traube'sche Theorie aus; es wird von allen eine Betheiligung des Nervensystems bei der Entstehung des Fiebers anerkannt, zugleich aber auch eine Steigerung der Wärmeproduction angenommen.

Es kann keinem Zweifel unterliegen, dass sich im Verlauf des Fiebers eine Steigerung der Wärmeproduction und der Wärmeabgabe einstellen kann. Die Zunahme der Wasserabgabe kann dabei gleichen Schritt halten mit der Zunahme der Gesammtwärmeproduction. Diese Behauptung wird ausnahmslos und einwandsfrei durch meine Versuche bewiesen.

Meine Resultate lassen sich in Einklang bringen mit den Befunden von Liebermeister, Leyden und Rosenthal, welche bei directer Messung an Menschen die Wärmeabgabe vermehrt fanden. Ferner mit den Resultaten derjenigen Autoren, welche, wenn auch zum Theil nur vorübergehend, eine Vermehrung der CO_2-Ausscheidungen oder eine Vermehrung der CO_2-Ausscheidungen und O_2-Zehrung im Fieber finden. Leyden und Fränkel machten diese Beobachtung am fiebernden Hunde, Colosanti[1]) und Finkler am Meerschweinchen, Lilienfeld[2]) am Kaninchen.

Ebenso fanden Kraus[3]) und Loewy[4]), welche nach der Zuntz-Geppert'schen Methode am fiebernden Menschen Versuche anstellten, bei recentem Fieber eine Steigerung der oxydativen Vorgänge.

1) Colosanti, Ueber den Einfluss der umgebenden Temperatur auf den Stoffwechsel. Pflüger's Archiv Bd. 14 S. 125.
2) Lilienfeld, Untersuchungen über den Gaswechsel fiebernder Thiere. Pflüger's Archiv Bd. 32 S. 293, 1883.
3) Kraus, Ueber den respiratorischen Gasaustausch im Fieber. Zeitschr. f. klin. Med. Bd. 18 S. 160.
4) Loewy, Stoffwechseluntersuchungen im Fieber und bei Lungenaffectionen. Virchow's Archiv Bd. 126 S. 218.

Von **Naunyn**[1]) und **Finkler**[2]), welche am Hund, bezüglich
am Meerschweinchen, experimentell Fieber erzeugten, wurde beobachtet, dass eine Steigerung des Eiweisszerfalles resp. der Oxy-
dationsvorgänge unter Umständen bereits nachweisbar ist, bevor eine
Steigerung der Temperatur durch das Thermometer zu erkennen ist.
Aehnliches wurde von mir wahrgenommen.

In Versuch II tritt erst am zweiten Tage nach der Injection
dauernde Temperatursteigerung bei dem betreffenden Kaninchen
ein. Trotzdem war bereits in den ersten zwölf Stunden nach der
Injection eine Steigerung der Wärmeabgabe von 100 zu 100,5 zu
beobachten.

In Versuch VII trat die dauernde Temperatursteigerung erst
im Verlauf der zweiten zwölf Stunden nach der Injection ein. In
den ersten zwölf Stunden wurde indessen schon bei nur vorüber-
gehender Temperatursteigerung eine deutliche Steigerung der Wärmeabgabe von 100 zu 105,9 constatirt.

Auf der anderen Seite scheint es mir nach dem bis jetzt vorliegenden Material nicht ausgeschlossen, **dass eine Temperatursteigerung bei annähernd gleichbleibender Wärmeproduction nicht auch allein durch verminderte
Wärmeabgabe eintreten könnte.**

Für die Möglichkeit eines solchen Vorganges scheint mir das
Resultat des Versuchs VI[3]) zu sprechen. Die Wärmeabgabe bleibt in
diesem Versuch, nachdem die durch die verschiedenen Zimmer-
temperaturen bedingten Differenzen ausgeglichen, während der ersten
zwölf Stunden nach der Rothlauf-Injection hinter der Wärmeabgabe
in den ersten zwölf Stunden des fieberfreien Tages deutlich zurück
(96,3 : 100). Dabei stieg die Körpertemperatur von 38,6° auf 40,1°.
Rechnet man nun die im Thierkörper angehäufte Wärmemenge,
welche zur pathologischen Steigerung der Körpertemperatur geführt
hat, der abgegebenen Wärmemenge hinzu, so ergibt sich ein an-
näherndes Gleichbleiben der Wärmeproduction.

1) **Naunyn**, Reichert's u. Du Bois' Arch. f. Anat. u. Physiol. 1870 S. 159 ff.
2) **Finkler**, a. a. O. S. 143.
3) Vergl. S. 54, 55 u. 56; wie das Sinken der Wärmeabgabe in den ersten
beiden Stunden nach der Injection in Versuch II zu deuten ist, muss eine
offene Frage bleiben.

Auch bei den experimentellen Untersuchungen Senator's[1]) stellte sich heraus, „dass das Eiterfieber beim Hunde mit der Zurückhaltung der Wärmeabgabe anfängt".

Loewy[2]) fand bei seinen Gaswechselversuchen (Zuntz-Geppert'sches Verfahren) an tuberculösen Menschen, die er durch Tuberculin in den fieberhaften Zustand versetzte, dass eine Steigerung des Sauerstoffverbrauchs im Fieber „nicht in allen, aber doch in den meisten Fällen zu constatiren ist"; „sie ist jedoch eine in ihrer Intensität ziemlich schwankende, durch die Höhe der Körpertemperatur als solche nicht direct bedingte und überhaupt verhältnissmässig nur sehr geringe". Verhältnissmässig hoch ist der Sauerstoffverbrauch, wenn vermehrte Athemanstrengung vorliegt, oder das Stadium incrementi mit raschem Anstieg erfolgt, oder aber wenn sich beides vereint vorfindet.

Kraus[3]) zeigte, dass Fieber am Menschen möglich ist, „ohne dass die oxydativen Processe, gemessen durch die Bestimmungsgrössen des Gaswechsels nach dem Zuntz'schen Verfahren, ersichtlich gesteigert sind". „Ein solches Verhalten zeigen längere Zeit fiebernde, partieller Inanition verfallene Menschen."

Schon die soeben besprochenen Verhältnisse weisen darauf hin, dass die Steigerung der Körpertemperatur im Fieber vorwiegend auf einer Störung der Wärmeregulation beruht.

Für diese Auffassung spricht ferner der Umstand, dass sich auch kleine Thiere trotz ihrer verhältnissmässig grossen Oberfläche nicht der geringen Wärmemengen entledigen können, welche zur fieberhaften Temperatursteigerung führen.

Durch die Untersuchungen, welche Rubner[4]) am Hunde (Gewicht ca. 4,7 kg) ausführte, wissen wir, dass durch die Nahrungszufuhr[5])

---

1) Senator, a. a. O. — 2) Loewy, a. a. O. — 3) Kraus, a. a. O.

4) Rubner, a. a. O. (S. 31) S. 285 u. 200 ff.; Schwankungen der Luftfeuchtigkeit bei hohen Temperaturen in ihrem Einfluss auf den thierischen Organismus. Archiv f. Hygiene Bd. 16 S. 101.

5) Von Leyden und Fränkel wurde bereits in gleichem Sinne auf die vermehrte CO_2-Ausscheidung nach Nahrungszufuhr (Pettenkofer und Voit) hingewiesen; a. a. O. S. 181.

die Wärmeabgabe bei gleichbleibender Aussentemperatur in hohem Maasse gesteigert wird. Rubner's Hund zeigte eine Zunahme der Wärmeabgabe im Hunger und bei Nahrungszufuhr von 100 zu 141,6 und 100 zu 142. Bei hoher Umgebungstemperatur (35°) und einer Nahrungszufuhr (Speck), durch welche annähernd Körpergleichgewicht erzielt wurde, war der Hund im Stande, auf dem Wege der Wasserverdunstung durch vermehrte Athmung eine derartige Wärmemenge abzugeben, dass seine Körpertemperatur nicht gesteigert wurde. Trotz Zunahme der Luftfeuchtigkeit von 9,3 % auf 30,0 % blieb die Wasserverdunstung gleich gross. Es wurden durch Strahlung und Leitung nur 39 %, durch Wasserverdunstung 71 % Wärme abgegeben. Die erhöhte Athemarbeit drückte sich bei zunehmender Feuchtigkeit durch Steigerung der Gesammtwärmeproduction aus.

Wenn man in Anbetracht solcher Zahlen bedenkt, dass sich ein Kaninchen im Fieber nicht der verhältnissmässig geringen Wärmemenge zu entledigen vermag, um die Steigerung seiner Körpertemperatur zu vermeiden, so spricht dieser Umstand unbedingt für eine Störung der Wärmeregulation, und zwar in dem Sinne, dass für den Organismus die Möglichkeit verloren gegangen ist, seine Körpertemperatur auf dem Grad, der ihm unter normalen Verhältnissen, d. h. bei normal functionirender Regulation, eigenthümlich ist, zu erhalten.

Liebermeister spricht sich dahin aus, dass die Regulation im Fieber auf einen höheren Grad eingestellt ist. Wenn wir an dieser Vorstellung festhalten, so erfolgt die Einstellung des Organismus auf diesen höheren Grad während des Temperaturanstiegs. Die grösseren Schwankungen der Wärmeabgabe, welche während dieser Zeit von Senator und mir beobachtet wurden, wären alsdann dahin zu deuten, dass der Organismus den Wirkungen des Fieber erregenden Agens bald mehr nachgibt, bald mehr entgegenarbeitet, bis er sich der Wirkung schliesslich vollständig unterwirft.

Mit diesem Zeitpunkt, dem Eintritt der constanteren Temperatur und der gleichmässigeren Wärmeabgabe, werden die Schwankungen geringer.

Als Beweis für die Anschauung, dass auch im Fieber eine Regulation der Wärmeproduction nach dem Wärmeverlust besteht, wenn auch nicht ganz so vollständig und prompt als in der Norm, diente für Liebermeister besonders die Beobachtung, dass sich der fiebernde Mensch im kalten Bade leichter abkühlt, als der nichtfiebernde, und dass die hohe Temperatur sich im Verlauf einiger Zeit alsbald wieder herstellt.

Meine Versuche am Kaninchen zeigen, dass mit steigender Wärmeproduction auch die Wärmeabgabe steigt. Eine Steigerung der Körpertemperatur über eine gewisse Höhe findet nie statt, obgleich die Wärmeproduction, wie die Wärmeabgabe zeigt, höhere Körpertemperatur herbeizuführen ausreichend gewesen wäre. Ein Todesfall, der auf eine Steigerung der Temperatur zu beziehen wäre, wurde nicht beobachtet. Aber auch sonst finden wir in meinen Versuchen Zeichen einer noch bestehenden Regulation während des Fiebers.

Die Wasserverdunstung nimmt bald zu, bald ab, indem sie die Wärmeabgabe durch Strahlung und Leitung bald mehr, bald weniger vertritt. Auch der umgebenden Temperatur ist ein gewisser Einfluss auf Wärmeabgabe wohl nicht abzusprechen, wenn wir auch zur Zeit bei so geringen Temperaturschwankungen, wie sie in meinen Versuchen vorkommen, die Wirkungen im Einzelnen noch nicht überblicken. Ob auch die grössere Ventilation im Fieber eine Gegenregulation hervorruft, ist durch meine Versuche zwar nicht mit Bestimmtheit entschieden worden, jedoch scheinen die Resultate für eine solche Annahme zu sprechen. Es muss die Klarstellung dieser beiden Punkte weiteren Versuchen überlassen bleiben, ebenso die Beantwortung der Frage, inwieweit beim experimentell erzeugten Fieber der Kaninchen die Wärmeregulation, die wir als bestehend annehmen zu dürfen glauben, eine Beeinträchtigung erfahren hat.

Ueber die Art der Störung und den Angriffspunkt des Gifts, welches das Fieber hervorruft, hielt Liebermeister mit seinem Urtheil zurück. Dagegen finden wir bei anderen Autoren, so bei Dubczanski und Naunyn[1]), Finkler[2]), Claude Bernard[3])

---

1) v. Dubczanki und B. Naunyn, Beiträge zur Lehre von der fieberhaften Temperaturerhöhung. Archiv f. experim. Pathol. u. Pharmak. Bd. 1.
2) a. a. O. 3) u. a. O.

Hypothesen, welche sich auf die Annahme von Wärmecentren stützen, oder auch auf die Annahme von·Nervenfasern, welche im Rückenmark verlaufen und welche einen regulirenden Einfluss auf die Wärmeproduction ausüben.

Naunyn und Quincke[1]) wiesen nach:

1. „Dass auch bei kleineren Thieren (kleineren oder mittelgrossen Hunden) Rückenmarksquetschung im unteren Halstheil constant nicht Sinken, sondern sogar sehr bedeutende Steigerung der Körpertemperatur bewirkt, wenn die Wärmeabgabe durch Einführung der Thiere in einen warmen Raum gehemmt wird, in welchem, wie Controllversuche zeigten, Thiere mit normalem Rückenmark sich viele Stunden aufhalten konnten, ohne eine Steigerung ihrer Körpertemperatur zu erfahren.“

2. „Dass sich das Gleiche, das Steigen der Körpertemperatur der Thiere, nach einer Operation ebenso constant auch ohne Anwendung einer künstlichen Erwärmung bei einer mittleren Temperatur der Atmosphäre dann einstellt, wenn die Thiere so ausgewählt werden, dass bei ihnen an und für sich die (unter a) angeführten, für das Ueberwiegen der Wärmeproduction günstigen Bedingungen erfüllt sind, d. h. wenn man den Versuch möglichst an grossen Thieren (recht grossen Hunden) anstellt.“

„Hieraus schlossen Naunyn und Quincke, dass im Rückenmarke neben den Fasern, welche einen regulirenden Einfluss auf die Wärmeabgabe bewirken, auch solche Nervenfasern verlaufen, die einen regulirenden (hemmenden) Einfluss auf die Wärmebildung vermitteln; lediglich so sei die trotz der gesteigerten Wärmeabgabe unter den angeführten Bedingungen nach der Rückenmarkdurchschneidung constant auftretende Steigerung der Körpertemperatur zu erklären.“

Doubczanski und Naunyn glauben dann die Resultate der Fieberversuche wie auch diejenigen nach Rückenmarkdurchschneidung zurückführen zu können auf einen lähmungsartigen Zustand gewisser Theile des Centralnervensystems, wodurch gleichzeitig eine Steigerung der Wärmeabgabe gerade so gut, wie eine Steigerung der Wärmebildung bedingt wird.

1) Naunyn u. Quincke, Ueber den Einfluss des Centralnervensystems auf die Wärmebildung. Reichert's u. Du Bois-Reymond's Archiv 1869.

Durch die Versuche von Naunyn und Quincke schien mir
der Beweis, dass nach Durchtrennung des Rückenmarks neben der
Wärmeabgabe auch die Wärmeproduction gesteigert sei, nicht vollständig erbracht, da eine genaue Messung der Wärmeabgabe nicht
stattfand.

Ich habe daher bei Kaninchen, welchen ich das Rückenmark
in der Höhe des sechsten und siebenten processus spinosus durchschnitten habe, mit dem Rubner'schen Calorimeter die Wärmeabgabe direct gemessen. Die Resultate habe ich in Tabelle XXIV
zusammengestellt.

(Siehe diese Tabelle auf S. 69.)

Durch die directe Messung wurde gefunden, dass
bei einem Kaninchen (Vers. I), dem das Rückenmark in
der Höhe des sechsten bis siebenten processus spinosus
cervic. durchschnitten ist, die Wärmeabgabe und Wärmeproduction nicht nur nicht vermehrt zu sein braucht,
sondern fast dauernd von Stunde zu Stunde abnimmt
und bei Eintreten des Todes bis auf ein Minimum ge-
sunken ist.

In Versuch II wurde dem Kaninchen drei Stunden nach der
Durchschneidung des Rückenmarks Rothlauf-Bouillon-Cultur in die
Ohrvene injicirt. Eine Aenderung im Verlaufe des Temperatur-
abfalls war nicht bemerkbar, vorübergehend wurde aber in den Stunden von 4 bis 1 Uhr (7. XI) ein geringes Wiederansteigen der Wärmeabgabe durch Leitung und Strahlung beobachtet. Ob diese vorüber-
gehende, geringe Steigerung von der Injection des Giftes abhängig
zu machen ist, müssten weitere Versuche zeigen.

Durch meine Versuche wird somit die Vermuthung Lieber-
meisters[1]), dass die Wärmeregulation nach Durchtrennung des
Rückenmarks aufgehört zu haben scheint, bis zu einem gewissen
Grade bestätigt.

Ich schliesse aus meinen Versuchen, dass nach
Durchtrennung des Rückenmarks in der Höhe des
sechsten und siebenten processus spinosus cervic. die
Wärmeregulation beim Kaninchen eine Beeinträch-

1) Liebermeister, a. a. O. (S. 59) S. 127.

Tabelle¹) XXIV. Versuch I.

Datum	Stunde	Gewicht des Kaninchens	Temperatur d. Kaninch.	Temperatur des Zimmers	Ausschläge des Spiromet.	Wärmeabgabe durch Strahlung und Leitung: an das Calorimeter	an die Ventilationsluft	Wärmeabgab. durch Wasserverdunstung	Gesammtwärmeabgabe in Calorien	Bemerkungen
1. XI.	Morgens									
	7^{35}—8^{35}	1625	35,3	16,9	240	2,774	0,6931	1,229	4,696	7 h 20 bis 7 h 35 Operat.: Rückenmark zwischen VI. bis VII. proc. spin. cervic. durchschnitten. Unmittelbar nach der Operation wird Kaninchen in das Calorimeter gebracht.
	8^{35}—9^{35}			16,8	253	2,954	0,6264	0,715	4,295	
	9^{35}—10^{35}			16,8	238	2,746	0,623	0,3702	3,739	
	10^{35}—11^{35}	.		16,8	225	2,570	0,6138	0,2124	3,396	
	11^{35}—12^{35}			16,8	210	2,370	0,5191	0,1254	3,014	
	12^{35}—1^{35}			16,9	203	2,279	0,5163	0,0642	2,859	
	1^{35}—2^{35}		27,5	16,7	198		0,4791	0,1140		
	2^{35}—3^{35}			16,9	181		0,3996	0,0924		
	3^{35}—4^{35}			16,8	176		0,3532	0,0870		
	4^{35}—5^{35}			17,3	148		0,3164	0,042		
	5^{35}—6^{35}			17,9	129		0,3251	nicht nachweisbar		
	6^{35}—7^{35}		23,7	18,1	128		0,3438	0,0198		Ventilation pro Stunde im Mittel 840 l.
	7^{35}—8^{35}			18,4	125		0,3395	0,0252		
	8^{35}—9^{35}			18,6	121		0,3224	0,0288		
	9^{35}—10^{35}			18,7	116		0,326	0,0588		
	10^{35}—11^{35}		24,3	18,6	128		0,328	nicht nachweisbar		
	11^{35}—12^{35}			18,6	110		0,322	„		
2. XI.	Morgens									
	8—9		22,0	16,9	66		0,1675	0,0216		
	9—10			16,9	75		0,1656	0,0198		
	10—11			16,9	67		0,1656	0,0216		
	11—12			17,1	60		0,1427	0,0192		
	12—1			17,4	50		0,1173	0,0174		Kaninchen stirbt 9 h 30 Abds. Section ergibt vollständige Durchtrennung des Rückenmarks.
	1—2			17,2	53		0,1331	nicht nachweisbar		
	2—3		20,7	17,2	50		0,1231	„		
	6—7			17,1	38		0,1297	„		

Versuch II.

Datum	Stunde	Gewicht	Temp. Kaninch.	Temp. Zimmer	Ausschläge	an das Calorimeter	an die Ventilationsluft	Wasserverdunstung	Gesammt	Bemerkungen
6. XI.	2^{45}—3^{45}	1411	35,3	15,3	268	3,165	0,6498	0,349	4.163	2 h 20 bis 2 h 45 Operation: Durchschneidung des Rückenmarks in der Höhe des VI. bis VII. proc. spin. cervic. Unmittelbar nach der Operation wird Kaninchen in das Calorimeter gebracht.
	3^{45}—4^{45}			15,2	270	3,194	0,6148	0,275	4,085	
	4^{45}—5^{45}		29,3	16,0	205	2,306	0,4868	0,129	2,921	
	5^{45}—6^{45}									
	6^{45}—7^{45}			16,6	150		0,3556	0,399		
	7^{45}—8^{45}			16,9	131		0,3210	0,191		
	8^{45}—9^{45}			17,4	103		0,3719	0,0211		
	9^{45}—10^{45}			17,9	83		0,3981	0,0255		
	10^{45}—11^{45}			18,4	68		0,355	nicht nachweisbar		
	11^{45}—12^{45}			18,7	57		0,3546	„		
7. XI.	12—1			19,0	45		0,3542	„		
	1—2			19,3	34		0,3323	„		
	2—3		26,2	19,5	29		0,3281	„		Ventilation pro Stunde im Mittel 815 l.
	3—4			19,8	27		0,3318	0,0294		
	4—5			19,8	30		0,3338	nicht nachweisbar		
	5—6			19,5	52		0,3301	„		
	6—7			19,2	54		0,2814	„		
	7—8			18,5	85		0,3171	„		
	8—9			18,3	72		0,3194	„		
	12—1		23,3	17,2	66		0,2596	„		Kaninchen stirbt 11 h Abs. Section ergibt vollständige Durchtrennung des Rückenmarks.
	4—5			16,9	19		0,1367	„		
	5—6			17,4	—		0,1399	0,0193		
	6—7		22,9	17,4			0,1651	nicht nachweisbar		
	9—10		22,6							

1) Die Aichungswerthe der Spirometerausschläge unterhalb 200⁰ standen mir nicht zur Verfügung. Die Berechnung der absoluten Calorienwerthe war daher in diesen beiden Versuchen nur in beschränktem Maasse möglich.

tigung erfahren hat, und zwar sind die Thiere nicht
in der Lage, einer Abkühlung des Körpers oder einer
Ueberhitzung desselben in dem gleichen Grade wie bei intactem
Rückenmark vorzubeugen, sei es nun, dass die Ueberhitzung spontan
erfolgt wie bei grossen Thieren oder durch eine künstliche Beschränkung der Wärmeabgabe.

Ich würde mich zuweit auf den Boden der Hypothese begeben,
wenn ich weitere Schlüsse aus meinen Versuchen ziehen wollte.
Die Folgerungen, welche man bisher aus den Erscheinungen nach
Durchschneidung und Quetschung des Rückenmarks zu ziehen geneigt war, scheinen mir indessen eine bemerkenswerthe Einschränk-
ung erfahren zu müssen.

Aronsohn und Sachs[1] sind geneigt, den Zustand, in welchen
Kaninchen nach einem gelungenen Einstich in das corpus striatum
gerathen, als einen fieberhaften zu bezeichnen. Dieser Zustand
geht einher mit anhaltender Temperatursteigerung und vermehrter
Respiration und Pulsfrequenz. Sie zeigten ferner, „dass bei der
durch Einstich erzengten Temperatursteigerung, ebenso wie beim
gewöhnlichen Fieber, jedesmal eine erheblichere Steigerung des
Eiweisszerfalls stattfindet."

Die Entdeckung von Aronsohn und Sachs schien geeignet,
in der That Anhaltspunkte für die Localisation gewisser Wärmecentren bringen zu sollen. Alsbald zeigte jedoch Mosso[2] durch
zahlreiche Versuche, die er über die Localisation von Wärmecentren
im Gehirn des Hundes mit negativem Erfolg anstellte, dass eine
Verallgemeinerung des Befundes von Aronsohn und Sachs nicht
statthaft sei. Er hofft, den Beweis geliefert zu haben, „dass für die
Annahme von Centren im Gehirn, von denen die Erhöhung der
Körpertemperatur abhängt, die thatsächliche Grundlage fehlt"[3].

Es ist nicht in Abrede zu stellen, dass trotzdem die Symptome,
welche nach dem Wärmestich bei Kaninchen auftreten, einen Ver-

1) Aronsohn u. Sachs, Die Beziehungen des Gehirns zur Körperwärme
und zum Fieber, S. 232. Pflüger's Archiv Bd. 37.

2) Mosso, Die Lehre vom Fieber in Bezug auf die centralen Wärmecentren. Archiv f. experim. Pathol. und Pharmok. Bd. 26 S. 316.

3) Vergl. bei Mosso die Litteraturangaben über die Lehre von den Wärmecentren. Archiv f. experim. Pathol. u. Pharmak. Bd. 26 S. 321.

gleich des erzielten Zustands mit dem Fieber geradezu herausfordern.

Gottlieb[1]) und Richter[2]) führten calorimetrische Messungen am Kaninchen aus, bei denen durch Verletzung des corpus striatum Steigerung der Körpertemperatur erzielt worden war. Während des Anstiegs der Temperatur wurde eine Verminderung der Wärmeabgabe beobachtet, später stieg die Wärmeproduction.

Aus dieser Beobachtung hat man ferner die Berechtigung entnehmen zu können geglaubt, die Temperatursteigerung nach Wärmestich dem fieberhaften Zustand zu vergleichen.

May[3]) ist der Ansicht, dass die Steigerung der Oxydation im Fieber auf eine primäre Reizung der Temperaturcentren durch die Toxine zurückzuführen sei, indem er auf die Versuche von Aronsohn und Sachs und ausserdem auf die Versuche von Gottlieb verweist.

Anderseits schloss man, indem man den Zustand nach Wärmestich als Fieber betrachtete (von Noorden[4]), dass Fieber mit Wärmeretention beginnt.

Die Versuche von Aronsohn und Sachs auf der einen Seite und die von Gottlieb auf der anderen Seite dürfen aber bisher, wie ich glaube, noch nicht endgültig in einen solchen Zusammenhang zum Fieber gebracht werden.

Gottlieb[5]), ebenso auch Richter lässt es bei seinen calorimetrischen Versuchen an der nothwendigen Berücksichtigung der Wärmeabgabe durch Wasserverdunstung fehlen. Dieser Weg der Wärmeabgabe scheint mir aber bei diesen Versuchen um so beachtenswerther, als die Thiere durch die Operation einem sehr schweren Eingriff ausgesetzt waren, nach welchem notorisch die Respiration beschleunigt sein soll (Aronsohn und Sachs).

1) Gottlieb, Calorimetrische Untersuchungen über die Wirkungsweise des Chinins und Antipyrins. Arch. f. experim. Pathol. u. Pharm. Bd. 28 S. 167.

2) Richter, Experimentaluntersuchungen über Antipyrese und Pyrese, nervöse und künstliche Hyperthermie. Virchow's Archiv Bd. 123 S. 118.

3) May, a. a. O. S. 68 u. 70.

4) v. Noorden, Lehrbuch der Pathologie des Stoffwechsels. S. 189.

5) Gottlieb stellte seine Versuche im hygienischen Institut zu Marburg an. Die Versuche über die Bedeutung der Wärmeabgabe durch Wasserverdunstung waren damals noch nicht soweit gefördert, dass Gottlieb dieselben gebührend berücksichtigen konnte.

Richter fand im Thermostaten, „dass gegen Abkühlung sich
das trepanirte Thier nicht zu wehren beginnt, wenn seine Temperatur bis unter die Norm erniedrigt ist, und dass die trepanirten
Thiere der Erhöhung ihrer Temperatur gar keinen Widerstand
entgegensetzen", während das fiebernde Thier sowohl der Erhöhung
als auch der Abkühlung seiner Temperatur früher durch Gegenregulation einen Widerstand entgegensetzte. Richter glaubt somit
einen fundamentalen Unterschied zwischen einem fiebernden Thier
und einem Kaninchen, bei welchem der Wärmestich ausgeführt ist,
festgestellt zu haben.

Es scheint mir nach alledem auch heute noch ver-
früht, über das Wesen des Fiebers Hypothesen aufzustellen, die sich auf Annahme bestimmter Wärmecentren stützen.

Wir müssen uns vielmehr unter Berücksichtigung der neueren
Arbeiten auf dem Gebiete der thierischen Wärme und auf Grund
unserer eigenen Versuche damit begnügen, von neuem zu
betonen, dass die Steigerung der Körpertemperatur im
Fieber zu Stande kommt durch eine Störung der Wärmeregulation.

Des weiteren veranlassen mich die Resultate meiner Versuche
zur Aufstellung folgender Schlusssätze:

1. Während des Fiebers kann eine Steigerung der Wärmeproduction und der Wärmeabgabe stattfinden.

2. Die Möglichkeit, dass Steigerung der Körpertemperatur im
Fieber ohne Vermehrung der Wärmeproduction zu Stande kommen
kann, ist nicht ausgeschlossen, wenngleich der einwandsfreie Beweis,
dass Fieber allein durch Wärmeretention entstehen kann, noch
nicht erbracht ist.

3. Während des Fieberanstiegs kann man grössere Schwankungen der stündlichen Wärmeabgabe beobachten, als im fieberfreien
Zustande.

4. Bei einer Steigerung der Gesammtwärmeabgabe im Fieber
(beim Kaninchen) bleibt das Verhältniss zwischen Wärmeabgabe
durch Wasserverdunstung und Wärmeabgabe durch Leitung und
Strahlung annähernd das gleiche wie im fieberfreien Zustande.

5. Die Beeinflussung der Wärmeabgabe durch äussere Eingriffe wird im Fieber in ähulicher Weise beobachtet, wie im fieberfreien Zustande.

6. Eine gewisse Regulation der Wärmeabgabe im Fieber scheint zu bestehen.

7. Nach Durchschneidung des Rückenmarks in der Höhe des sechsten bis siebenten processus spinosus cervic. (beim Kaninchen) kann man eine dauernde Abnahme der Wärmeabgabe und Wärmeproduction beobachten.

8. Nach Durchschneidung des Rückenmarks in der angegebenen Höhe hat die Wärmeregulation insoweit eine Beeinträchtigung erfahren, als die Thiere weder in der Lage sind, einer Abkühlung des Körpers noch einer Ueberhitzung desselben durch künstliche Beschränkung der Wärmeabgabe in dem Grade vorzubeugen, wie sie es bei intactem Rückenmark zu thun im Stande sein würden.

www.ingramcontent.com/pod-product-compliance
Lightning Source LLC
Chambersburg PA
CBHW022000190326
41519CB00010B/1337